宇宙视觉史

［英］扎克·斯科特（Zack Scott） 著

蒋 云 李沛毅 译

江苏凤凰科学技术出版社·南京

江苏省版权局著作权合同登记 图字：10-2021-579 号

图书在版编目（ＣＩＰ）数据

宇宙视觉史 /（英）扎克·斯科特著；蒋云，李沛
毅译 . — 南京：江苏凤凰科学技术出版社，2024.2
ISBN 978-7-5713-3864-0

Ⅰ . ①宇… Ⅱ . ①扎… ②蒋… ③李… Ⅲ . ①宇宙 –
普及读物 Ⅳ . ① P159-49

中国国家版本馆 CIP 数据核字 (2023) 第 209786 号

宇宙视觉史

著　　　者	［英］扎克·斯科特（Zack Scott）	
译　　　者	蒋　云　李沛毅	
责 任 编 辑	沙玲玲　杨嘉庚	
责 任 设 计	孙达铭	
责 任 校 对	仲　敏	
责 任 监 制	刘文洋	
出 版 发 行	江苏凤凰科学技术出版社	
出版社地址	南京市湖南路 1 号 A 楼，邮编：210009	
出版社网址	http://www.pspress.cn	
印　　　刷	上海当纳利印刷有限公司	
开　　　本	787 mm×1 092 mm 1/16	
印　　　张	15.5	
字　　　数	350 000	
插　　　页	4	
版　　　次	2024 年 2 月第 1 版	
印　　　次	2024 年 2 月第 1 次印刷	
标 准 书 号	ISBN 978-7-5713-3864-0	
定　　　价	128.00 元（精）	

图书如有印装质量问题，可随时向我社印务部调换。

ACROSS THE
UNIVERSE

目 录

太阳系

引　言

不管是过去还是现在，人类一直对星空着迷。人们曾经相信，星空是神圣的天堂，而人类不过是凡夫俗子。随着科学技术的发展，现在我们知道事实并非如此，星空和我们都是一个名为宇宙的壮丽实体的一部分。

自古以来，好奇心激励人类克服了诸多挑战，以理解宇宙并明白我们所属何处。早期的天文学家只能靠肉眼仰望星空，而现在我们有了强大的望远镜（其中一些位于地球上方的太空轨道），帮助我们看得更远。千百年来，人类在探索宇宙的道路上越走越远，探测技术突飞猛进、今非昔比。无论是早期裸眼观天的天文学家，还是用火箭将望远镜送到太空的现代科学家团队，他们在揭开宇宙奥秘的探索之旅中都做出了同样卓越的贡献。

本书从离我们最近、也是我们最熟悉的太阳系天体开始，由近至远，逐渐展开宇宙的画卷。在我们的太阳系，大多数行星的名字是古代文明赋予的，而在这些行星还没有名字的史前时期，人们就有了太阳崇拜。有学者考证后认为，人类塑造出的最早的神就是太阳神。我们沐浴在太阳源源不断的光和热里，万物生长靠太阳。人类和太阳以及行星的关系不可谓不密切，而在介绍完行星和太阳之后，我们将离开这个熟悉的天体系统，去探索其他恒星、系外行星以及更远的星系。沿着这条路径，我们会见证恒星的诞生与死亡，了解宇宙是如何开端的、宇宙大爆炸之后发生了什么，以及宇宙终将走向何处。

书中还列举了许多关于天文学家如何设法发现宇宙奥秘的例子。对于公众来说，有些事实乍看可能难以理解，甚至像是天方夜谭。例如，恒星离我们如此遥远，它们发出的光需要经过数千年甚至数百万年才能抵达地球，天文学家又是怎样获得那么多关于恒星的信息的呢？本书希望通过优美的视觉呈现和简明易懂的文字，深入浅出地阐述一些观测事实和科学推断，帮助大家更轻松地理解宇宙之精妙。

"大自然
以至简为美。"

——艾萨克 · 牛顿（Isaac Newton, 1643—1727）

太阳系

我们的家园

　　人类对宇宙的探索从认识我们的家园——太阳系开始。太阳诞生于一团分子云的坍缩，它在大约 46 亿年前点燃核聚变，成为一颗恒星，行星则是由周围的气体和尘埃碎片聚集而成的。

　　在人类历史的大部分时期，人们并不清楚自己在太阳系或整个宇宙中所处的位置。人们曾经深信地球是静止不动的，并处于宇宙中心，这点与天空中移动的天体不同。直到 16 世纪科学革命开始，人们才逐渐相信太阳处于行星轨道的中心，而宇宙也并不是围绕地球旋转的。自此之后，我们对宇宙的理解快速加深。望远镜的发明和更新换代以及向深空发射的探测器，为我们提供了丰富的信息，极大地拓展了我们的视野。可以说，如果没有这些设备和技术，我们所知的将远不如今天这么多。

　　我们将从离太阳最近的行星——水星开始我们的行星之旅。从这里向外冒险，首先我们会在内太阳系（太阳系中小行星带以内的区域）遇到由岩石构成的行星（带内行星），然后跨过小行星带，继续去观察外太阳系中巨大的气态巨行星（带外行星）。在这一路上，我们还会遇到卫星、彗星和矮行星，最后我们来到太阳系最远处的神秘的奥尔特云。在离开太阳系前，我们再回头看一下太阳，它为周围的一切提供了光和热。但是为什么行星围绕着太阳旋转呢？为什么它们不会飞离太阳呢？为了解释这一点，我们先要了解万有引力，正是它支配着行星和恒星的运动，也在很大程度上塑造了整个宇宙。

万有引力与天体运动

万有引力是一种吸引力，作用于宇宙中的任何物体之间——它是使我们站立在地面上、使月球保持在轨道上以及将星系聚集在一起的力量。万有引力是在大尺度上塑造宇宙的主导力量，如果没有它，行星就不会形成，恒星也不会发光。

对万有引力的科学研究始于 16 世纪晚期的意大利天文学家伽利略·伽利雷（Galileo Galilei）。在著名的比萨斜塔实验中，他从比萨斜塔的顶端扔下 2 个不同质量的小球，以比较它们下降的速度。正如他所预测的那样，不同的小球落到地面所花费的时间是相等的，这证明了物体的下落速度与它的质量无关。一直在研究天体运动的牛顿，将伽利略关于落体的概念扩展到行星的运动上。牛顿推断，使物体落向地面的这种力同样也使行星和卫星保持在各自的轨道上。他在 1687 年出版的《自然哲学的数学原理》（*Mathematical Principles of Natural Philosophy*，简称《原理》）中总结了其关于万有引力和运动基本规律的研究成果，《原理》是科学史上最重要的文献之一。

万有引力定律

万有引力定律指出，宇宙中的每一个物体都对其他物体产生吸引力，这种力的大小随着各个物体的质量和它们之间的距离而变化。由于这种力与物体间距离的平方成反比，故而万有引力定律在当时又被称为平方反比定律，它可以用一个简单的方程来表示。

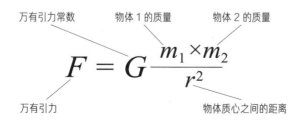

万有引力常数　物体 1 的质量　物体 2 的质量

$$F = G\frac{m_1 \times m_2}{r^2}$$

万有引力　　　　　　　　　　　物体质心之间的距离

牛顿运动定律

《原理》中列出的三大运动定律描述了物体、作用在物体上的力以及物体的运动之间的关系。这些定律适用于所有物体，小到台球，大到行星，但在一些极端情况下会失效。比如当物体的速度接近光速时，当存在巨大的万有引力（以下简称引力）时，或者当物体的质量小于1个原子时，就必须使用其他的理论和计算方法。

牛顿第一定律
任何物体都将保持静止状态或做匀速直线运动，除非有外力迫使它改变这种状态

恒定的速度　　　　　　　　施加外力　方向改变

牛顿第二定律
物体所受到的力等于它的质量乘以它的加速度。这意味着，如果对2个独立的物体施加相等的力，其中一个物体的质量是另一个的2倍，那么质量较大的物体的加速度是质量较小的物体的一半

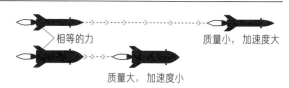

相等的力　　　　　　　　　　　质量小，加速度大

质量大，加速度小

牛顿第三定律
每个作用力都有一个大小相等、方向相反的反作用力——当一个物体对另一个物体施加一个力时，第二个物体同时会对第一个物体施加一个大小相等、方向相反的力

作用力：火箭　　　　　　　　反作用力：火
燃料向后排出　　　　　　　　箭向前推进

牛顿的炮弹实验

为了解释天体的运动轨迹，牛顿设计了一个思想实验，展示引力是如何在比伽利略的球更大的尺度上起作用的。他设想在一座高山的山顶架一门大炮，可以从那里把炮弹以不同的速度发射出去。

低速
如果速度较低，炮弹很快就会落回地面

环绕速度
在给定的高度下以一定速度（环绕速度）射出炮弹，炮弹就会绕着地球旋转，而不会撞上地球

高速
如果炮弹的发射速度高于环绕速度但低于逃逸速度，炮弹将会沿椭圆轨道运行

逃逸速度
发射速度超过逃逸速度后，炮弹将以抛物线形式离开地球引力场

低海拔
炮弹离地球越近，保持在轨道上所需的速度就越高

高海拔
炮弹离地球越远，保持在轨道上所需的速度就越低

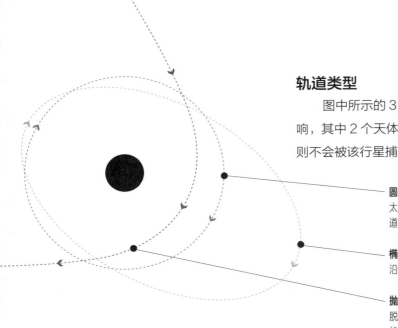

轨道类型

　　图中所示的 3 个天体都受到了中心大质量行星的影响，其中 2 个天体在环绕行星的轨道上，而第 3 个天体则不会被该行星捕获。

圆轨道
太阳系中的许多轨道，比如月球环绕地球运行的轨道，都是近似于圆形的

椭圆轨道
沿着扁长（或偏心）路径运行的天体具有椭圆轨道

抛物线 / 双曲线路径
脱离中心天体引力束缚的天体将沿着抛物线或双曲线路径运行，不再返回

开普勒行星运动定律

　　在牛顿之前，德国天文学家约翰尼斯·开普勒（Johannes Kepler）建立了描述行星绕太阳运动的三大定律。其中开普勒第二定律指出了椭圆轨道上的行星的运行速度如何变化——随着轨道上的行星靠近太阳，其速度将增大。

　　右图描绘的是一颗行星在绕太阳的椭圆轨道上运行。图中通过展示给定时间里行星在轨道上不同点之间移动的距离，演示了开普勒第二定律。在图中这 2 种情况下，行星从 A 点移动到 B 点和从 C 点移动到 D 点需要同样长的时间，但是正如我们所看到的，它离太阳越远，相同时间里经过的距离就越短，因此它运行的速度也就越慢。开普勒还发现，当形成扇形（从太阳到行星的起始和结束位置分别连线而绘成）所用的时间相等时，扇形的面积也相等。

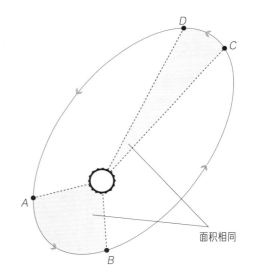

面积相同

轨道方向

　　顺行和逆行对于行星而言，指的是行星绕母恒星公转的方向是否与行星系统中绕母恒星公转的大多数天体相同；对于卫星而言，指的是卫星绕母行星公转的轨道方向是否与母行星自转的方向相同。

母行星自转

轨道方向

顺行　　**逆行**

多个天体互相影响

我们对引力的理解使我们能够预测天体的运动路径及其未来的位置。然而，随着时间的推移，我们准确预测其位置的能力将会逐渐减弱。

当研究 2 个天体之间的引力作用时，你可能认为作用在它们身上的力是相对简单和直接的，但实际情况要复杂得多。以月球为例，虽然它在围绕地球的轨道上运行，但它也深受太阳引力的影响。因此，它的轨道不是一个以地球为中心的完美圆形，而是一个略微扭曲的椭圆。事实上，影响月球运动的不仅仅是地球和太阳的引力，太阳系中的每一个天体以及银河系其他部分的引力，都对月球的运动产生影响。

由于涉及的变量非常多，所以预测卫星、行星和恒星的位置就像预测天气一样，在短期内很容易，但从长期来看就很棘手了。

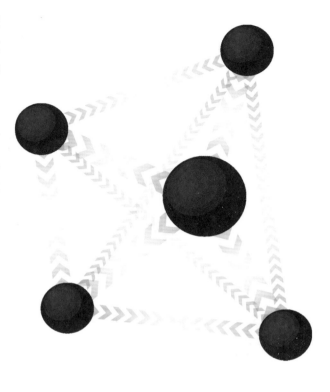

质心

质心就是物体或者质点系的质量中心。对于 2 个沿轨道绕彼此旋转的天体，它们围绕其旋转的点就是 2 个天体所构成的系统的质心。

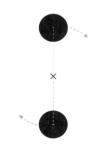

质量相等
如果 2 个天体的质量相等，那么系统的质心离 2 个天体质心的距离也相等

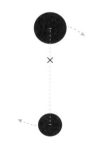

质量之比为 2∶1
如果一个天体的质量是另一个天体的 2 倍，那么系统质心距该天体质心的距离将是距另一个天体质心距离的二分之一

地月系统
地月系统的质心位于地球表面以下约 1 700 千米深处

吸积

引力除了可以使行星保持在轨道上，也是行星形成过程的主导力量。在太阳系诞生之前，组成它的物质只是宇宙尘埃和气体，但随着时间的推移，引力将这些微小的物体拉到一起，形成了太阳，然后是行星和小行星。

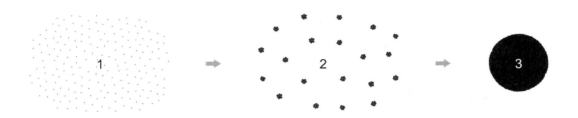

引潮力

我们知道，物体间的引力随着距离的增加而减小，所以当2个天体环绕彼此运动时，离彼此较近的一面比离彼此较远的一面受到的引力更大。因此，如果一颗卫星绕着一颗质量更大的行星运行，那么该行星的引力会导致卫星被拉伸。卫星在绕行星旋转时，会不断地向行星呈现自己不同的面，因此它会不断地膨胀和收缩。这些地质活动会引起地震，而内部摩擦将使卫星升温——这一过程被称为潮汐加热，可能会导致火山活动。引潮力①会减慢天体的自转速度，我们的月球就是一个例子，它现在被潮汐锁定②了。

卫星离行星越近，引潮力的影响就越大。如果卫星到达某个高度，即所谓的洛希极限，卫星受到的不均匀的引力将会把它撕成碎片。洛希极限取决于许多因素，包括天体的质量和物质组成。

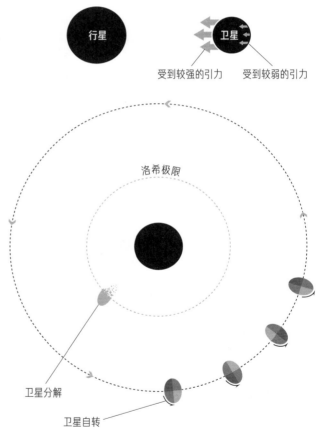

① 月球、太阳或其他天体对地球上某处单位质量物体的引力和对地心处单位质量物体的引力之差，是产生潮汐的原因。此定义也可推广到其他天体系统。

② 月球的自转速度与绕地球公转的速度相同，因此月球始终以同一面朝向地球，这种现象被称为潮汐锁定。

什么是引力

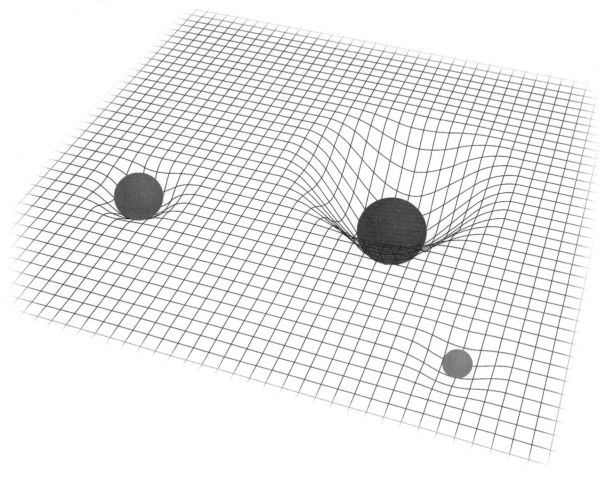

　　到目前为止，我们已经了解了引力的行为以及它对天体的影响，但引力究竟是如何产生的呢？直到 1915 年阿尔伯特·爱因斯坦（Albert Einstein）创立广义相对论，这个问题才得到解答。在广义相对论中，他假设质量实际上扭曲了空间的"结构"。

　　爱因斯坦解释说，我们看到的 3 个维度（长、宽、高）和第 4 个维度（时间）都属于时空的一部分。他还提出，时空既不平坦也非恒定，会受到物质（质量）存在的影响而发生扭曲。在上图中，时空用一个纵横交错的由线条勾画的平面表示。现在，想象这个平面就是蹦床上的布，把一个保龄球放在上面，布就会拉伸，保龄球周围的区域就会变形。如果一个质量小得多的物体（比如一颗弹珠）滚到保龄球附近，它的运动轨迹就会改变，朝着保龄球移动。这个例子很好地说明了较大的天体比如行星如何捕获经过它们的小天体并使其成为卫星的过程。美国理论物理学家约翰·阿奇博尔德·惠勒（John Archibald Wheeler）简洁地描述这个理论："时空告诉物质如何运动，物质告诉时空如何弯曲。"

水 星

距太阳最近的行星

直径：
4 879 千米

地球

质量：
0.055 倍地球质量

自转轴倾角①：
0.01°

500

最高温度：
430 摄氏度

0

最低温度：
-180 摄氏度

-250

表面温度

自转周期：
58.646 个地球日

公转周期：
88 个地球日

到太阳的平均距离②

0.387 AU③
5 791 万千米

地球

① 自转轴与穿过行星的中心点并垂直
   于轨道平面的直线之间所夹的角。
② 行星到太阳的平均距离即行星公转
   轨道的半长轴（长轴的一半）。
③ 天文单位（AU）是天文学中距离的
   基本单位，长度等于日地平均距离。

当我们由内向外开始太阳系之旅时，遇到的第一颗行星是水星。这颗行星小而致密，距离太阳非常近，容易被太阳强烈的光芒掩蔽。由于水星的大小和位置，即使利用现代技术，我们想观测到它也并不容易。

从地球上看，水星在太阳的两侧来回穿梭。这一过程相对较快，因为它离太阳非常近，这意味着它受到太阳引力的强烈影响。来回穿梭和快速移动这2个特点使得这颗行星以古罗马神话中为众神传递信息的使者墨丘利（Mercury）的名字命名。

你可能会认为，水星距离太阳那么近，整个行星都应该非常炽热，但事实并非如此。尽管水星的公转速度很快，公转周期只有88个地球日，但它的自转速度慢得令人难以置信，结果是太阳连续2次出现在水星中天需要176个地球日，这意味着水星上的1天相当于地球上的176天（在这段时间里，它已经围绕太阳公转了2周）。在漫长的白天，水星面向太阳的那一面温度可高达430摄氏度——热到足以使

铅熔化。由于水星质量小、引力弱，无法维持大气的存在，因此热量很容易逃离，处于夜晚的另一面温度可骤降至 -180 摄氏度。水星仅有的稀薄的外逸层由氢、氦、氧、钠、钙、钾等元素组成，来源有太阳风以及陨石撞击水星壳等。

水星表面布满了大大小小的陨星坑（也称陨击坑或环形山），其中许多被认为是在晚期重轰击时期（距今41亿~38亿年前的一段时期）形成的。在此期间，大量小行星与内太阳系的类地行星发生了密集碰撞。当时水星的地质活动非常活跃，火山频繁喷发，熔岩流填充到盆地，冷却后形成平原。水星表面现存的大量陨星坑告诉我们，这颗行星的地质活动已经停止了数十亿年——因为如果水星还不断有新的地质活动，那么这些古老的陨星坑早就被侵蚀或覆盖了。

尽管水星是离太阳最近的行星，它仍含有大量冰沉积物。这些冰沉积物是信使号探测器在2012年通过雷达探测到的，并且是在水星上靠近两极的一些最深的陨星坑中发现的。这些坑的底部非常深，以至于永远不会受到太阳的照射，因此它们的温度从没有超过 -160 摄氏度。一般认为，在这里形成的冰源于彗星。彗星在撞击水星时，携带的大量水分会蒸发，因此在碰撞后的一小段时间内，水星会被一层水汽包围。一些返回水星表面的水汽沉降在位于永久阴影区的陨星坑里，凝结成冰。

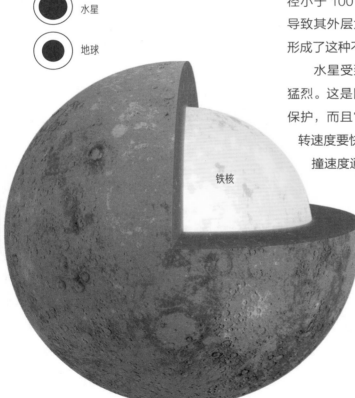

水星凌日

当水星运动到太阳和地球之间时，地球上的观测者可以看到小黑点状的水星横穿太阳的圆面，这种天象被称为水星凌日。平均来说，水星凌日每 100 年发生 13 次。1631 年，法国天文学家皮埃尔·加森迪（Pierre Gassendi）通过望远镜首次观测到了水星凌日。

这张合成图像是美国国家航空航天局的太阳动力学天文台于 2019 年 11 月 11 日拍摄的，显示了水星持续 5.5 小时的凌日过程

巨大的铁核

和地球一样，水星也有一个铁核。地核只占地球体积的大约 16%，而水星核的体积要大得多，约占水星体积的 55%。对这一现象的主流解释认为，一颗星子（由岩石或冰构成的直径小于 100 千米的小天体）曾经与水星相撞，导致其外层大部分壳和幔溅射到太空中，从而形成了这种不寻常的结构。

水星受到的撞击往往比地球受到的撞击更猛烈。这是因为这颗行星的表面不仅没有大气保护，而且它离太阳很近——这意味着它的公转速度要快得多，因此它与陨石和小行星的碰撞速度通常会很高。

核心对比

水星

地球

铁核

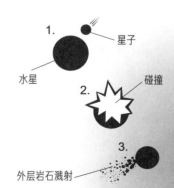

1.

星子

水星

2.

碰撞

3.

外层岩石溅射

倾斜的轨道

　　水星是太阳系所有行星中轨道倾斜程度最大的。当然，像矮行星冥王星以及柯伊伯带和小行星带中的许多天体，轨道倾斜程度更大。

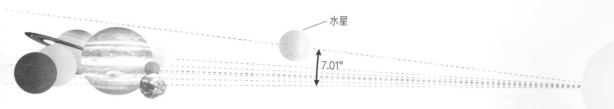

水星

7.01°

扁长的轨道

　　除了轨道倾斜程度是太阳系所有行星中最大的，水星轨道的偏心率也是所有行星中最大的，也就是说它的轨道最不像一个圆。

　　如果一个轨道是完美的圆形，那么它的偏心率就等于 0，而异常扁长的轨道的偏心率则接近 1。水星轨道的偏心率是 0.21，因此近日点距离（离太阳最近的距离）和远日点距离（离太阳最远的距离）之间的差异相当大。

远日点距离 0.467 AU
69 816 900 千米

近日点距离 0.307 AU
46 001 200 千米

金 星

金星是离太阳第二近的行星，也是距地球最近的行星。它是天空中第三亮的天体（仅次于太阳和月亮），通常在黎明前或日落后可见。在典型的红色天空背景下，这颗乳白色星球的明亮光芒长期以来一直与美丽联系在一起——金星正是得名于古罗马神话中爱与美的女神维纳斯（Venus）。然而，表象是会骗人的。

金星的美丽就像一个面具，它呈现的外表其实是由一层厚厚的云反射了大部分阳光形成的。正如我们现在所知道的，金星只是外表诱人，而在其面具之下隐藏着犹如炼狱的环境。

金星的云层不是由水构成的，而是由硫酸构成的，它给下面昏暗的世界蒙上了一层病态的黄色。金星大气中高浓度的二氧化碳造成了太阳系中最强的温室效应。尽管金星离太阳的距离几乎是水星的 2 倍，接收到的辐射只有水星的四分之一，但金星的表面温度比水星还高。金星的低层大气具有令人难以置信的高温，这意味着下落的硫酸雨在到达地表之前就会蒸发殆尽。

我们关于金星表面最详细的资料是由苏联的金星探测计划提供的，该计划的目标是探测金星和金星周围的空间。从 1961 年到 1983 年，苏联共发射了 16 个金星号探测器，其中有 10 个探测器在金星表面实现了软着陆。1970 年，金星 7 号实现了世界上第一次在金星表面的软着陆。金星号探测器在高空开伞并降落时会遭遇时速 300 千米的强风，最终它们降落在布满裂缝的黑色火山岩上。在如此恶劣的环境中，它们最多只能坚持 2 个小时，在此期间，它们用无线电将发现的情况传回地球。金星表面附近的空气由于处于高压之下而非常致密，它几乎像液体一样，带着岩石和灰尘一起流动。厚厚的大气导致着陆器只能在环境光（ambient light）下看到几千米的范围，但雷达成像可以揭示更远处的景观。

金星约四分之三的表面都被火山地貌所覆盖，由熔岩平原和数千座火山组成——其中直径超过 100 千米的火山就有 100 多座。科学家推测，目前金星可能仍然有火山活动，这一点是从它的大气中存在硫以及我们观察到的大量火山口推测出来的。金星上的大多数陨星坑都没有很好地保存下来，这意味着这颗行星后期可能被重塑过，更老的陨星坑被火山灰和熔岩流填充覆盖。除了火山，金星表面还有高温、高压、强风、毒气、酸云和雷电等特征。

有人认为，金星曾经也拥有过像地球如今一样的大气，表面有丰富的液态水。随着水的蒸发，大气中的水蒸气增强了温室效应，并在某一时刻达到临界水平。超过临界点后，气温加速上升，从而导致更多的水蒸发——"全球变暖"失控了。

距离太阳第二近的行星

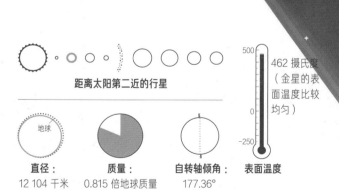

直径：
12 104 千米

质量：
0.815 倍地球质量

自转轴倾角：
177.36°

表面温度

500

0

-250

462 摄氏度
（金星的表
面温度比较
均匀）

自转周期：
243 个地球日

公转周期：
224.7 个地球日

到太阳的平均距离：

0.723 AU
1.082 亿千米

地球

科罗拉多大峡谷 长 446 千米
地球

加隆拉蒂深谷 长 740 千米
土卫五

伊萨卡深谷 长 1 219 千米
土卫三

阿瑞斯峡谷 长 1 758 千米
火星

隐藏的危险

在美丽的云雾面具之下，隐藏着金星噩梦般的真容。以下是金星带来的一些威胁。

 闪电

 火山

高温
金星是太阳系中最热的行星，表面平均温度为 462 摄氏度

滚动的岩石
近地表的强风导致灰尘和岩石在地面上翻滚

毒云
由硫酸组成

有毒的大气
96.5% 是二氧化碳，剩下的 3.5% 绝大部分是氮气，还有微量的二氧化硫等

高压
金星表面的大气压是地球表面的 92 倍，这相当于地球海平面以下 900 多米处的压力

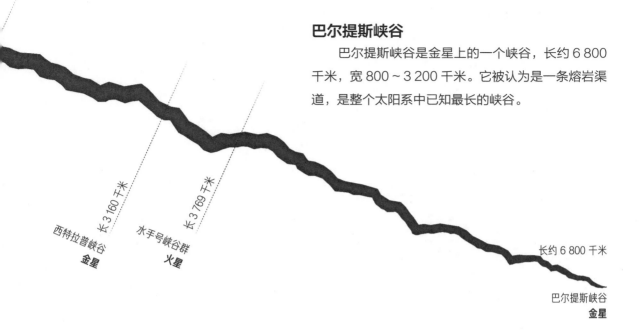

巴尔提斯峡谷

巴尔提斯峡谷是金星上的一个峡谷，长约 6 800 千米，宽 800～3 200 千米。它被认为是一条熔岩渠道，是整个太阳系中已知最长的峡谷。

长 3 160 千米

西特拉普峡谷
金星

长 3 769 千米

水手号峡谷群
火星

长约 6 800 千米

巴尔提斯峡谷
金星

反照率

行星的反照率等于所有方向的反射光总流量和入射光总流量之比，是衡量其反光本领的一个指标，"0"代表不反射任何光线的物体（黑体），"1"代表反射所有光线的物体。金星离太阳和地球都很近，它的高反照率使其成为我们从地球上能看到的最亮的行星。

0.09	0.76	0.31	0.25	0.50	0.34	0.30	0.29
水星	金星	地球	火星	木星	土星	天王星	海王星

地球的"姊妹行星"

由于金星和地球在太阳系中具有相似的大小、质量和位置，所以金星通常被认为是地球的"姊妹行星"。但正如上面所讲，地球和金星的相似性仅限于此，因为它们的表面环境大相径庭。

地 球

接下来我们到达地球，它是距太阳第三近的行星，也是我们的家园。与太阳系的其他行星相比，它是独一无二的，有广阔的海洋冲刷着地表。地球也是我们目前所知的唯一一个孕育了生命的地方。

地球和其他岩质行星一样，大约在 46 亿年前太阳诞生后不久就形成了。这些年轻的行星在诞生之初并不是固态的，而是处于熔融状态，熔融的能量部分来自小天体剧烈撞击释放的热量。随着时间的推移，这些行星的表面冷却形成固体外壳，其中较小的行星（水星和火星）冷却得较快，目前已经全部变成固体。地球是太阳系中最大的岩质行星，它具有较多的内部热量，这足以驱动地幔内部的对流。虽然流速缓慢，但地幔对流的强度足够拉动地壳，并将其分裂成不同的板块。在早期的地球上，除了彗星周期性地给地球表面带来水，板块运动和火山活动也使深部水上升到地表。随着原始海洋的形成以及温室气体的积累，大气也随之形成——这一关键的发展有助于将地球与外界隔绝开，并防止海洋结冰。

除了宝贵的大气，我们抵御太空危险的另一个屏障是地磁场。地磁场是在地球形成大约10 亿年后，由于较重的元素（主要是铁）下沉到地核而形成的。虽然地核温度很高，但由于巨大的压力，这个铁核仍然会逐渐凝固。然而，由于地核靠外的部分压力较低，所以铁可以保持液态。液态铁可以流动——就像一台大型发电机，地磁场就产生于液态外核内的电磁流体力学过程。地磁场一直延伸到遥远的太空，保护我们免受有害辐射的侵袭。如果没有地磁场，太阳风将会带走大气，地球就会冻结。

有证据表明，生命在地球形成后 5 亿年就出现了。5 亿年听起来可能并不"快"，但就地球演化的过程来看，生命似乎是迫不及待地开始的——几乎海洋一出现，生命就出现了！生命究竟如何起源仍然是个谜，但我们知道生命始于简单的微生物。最早出现的这些生物依靠热液喷口产生的硫酸盐来满足能量需求。在接下来 10 亿年左右的时间里，生物逐渐演化到可以利用二氧化碳并通过光合作用产生氧气。最终这些微小的生物将氧气的含量提高到更复杂的、呼吸氧气的生物可以茁壮成长的水平。如今，从最简单的单细胞生物到植物和动物，地球上的生物种类已经非常丰富。据估计，地球一共孕育出了超过 50 亿个物种。

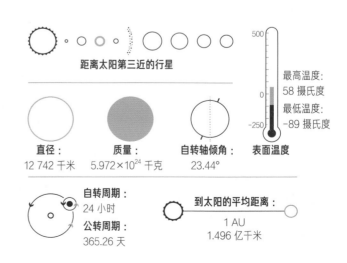

距离太阳第三近的行星

最高温度：
58 摄氏度
最低温度：
−89 摄氏度

表面温度

直径：
12 742 千米

质量：
5.972×10²⁴ 千克

自转轴倾角：
23.44°

自转周期：
24 小时

公转周期：
365.26 天

到太阳的平均距离：
1 AU
1.496 亿千米

蓝色星球

水在地球上非常充足，覆盖了 71% 的地表。水在地球上以 3 种物态——固态、液态和气态同时存在。

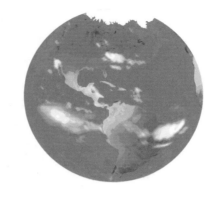

固态 两极附近形成大量的冰

水充满了海洋

液态

气态 大气中的水蒸气凝结成云（由水滴、冰晶聚集形成）

地球的历史

把地球的历史浓缩成 24 小时，从 46 亿年前地球诞生开始——00：00，一直到今天——24：00。按照这个比例，人类祖先在 24：00 前 1 分钟出现，而现代人在 24：00 前 4 秒才出现。左侧这个钟表显示了地球历史上的一些重要里程碑。

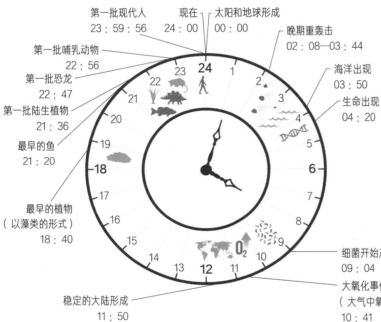

第一批现代人 23：59：56

现在 24：00

太阳和地球形成 00：00

晚期重轰击 02：08—03：44

第一批哺乳动物 22：56

第一批恐龙 22：47

第一批陆生植物 21：36

最早的鱼 21：20

最早的植物（以藻类的形式）18：40

海洋出现 03：50

生命出现 04：20

细菌开始产生氧气 09：04

大氧化事件（大气中氧气含量急剧上升）10：41

稳定的大陆形成 11：50

板块构造

地壳由七大板块和许多较小的板块组成。根据板块的相对运动状态，板块边界可以分为 3 类：彼此远离的离散边界、彼此接近的汇聚边界和板块运动方向大致平行于边界的转换边界。

离散型

汇聚型

转换型

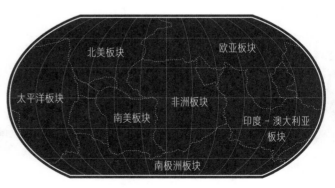

北美板块

欧亚板块

太平洋板块

非洲板块

南美板块

印度－澳大利亚板块

南极洲板块

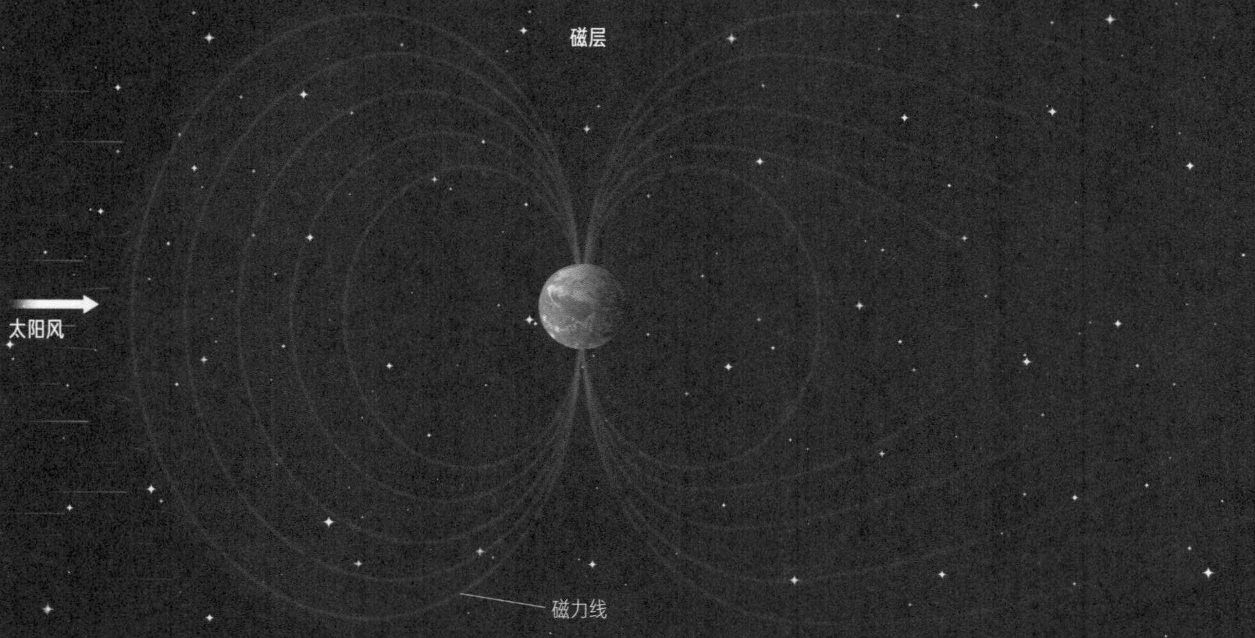

磁层

磁力线

太阳风

磁层

　　地球的磁层是受地磁场影响的空间区域。地磁场通过使离子和电子偏转来保护我们免受太阳风的伤害。在地球朝向太阳的那侧，磁层被迎面而来的太阳风挤压；而在背着太阳那侧，太阳风将磁层拖成一条长长的尾巴。整个磁层看起来有点像一只家蝇，圆圆的头部朝向太阳，较长的身体和尾巴则指向远端。

四季

　　地球的自转轴倾角达 23.4°，这使得地球的北半球和南半球在一年中不同的时期会接收到更多或更少的阳光照射。这一点改善了热量的分布，有助于防止某些区域变得过热，使地球更加宜居。

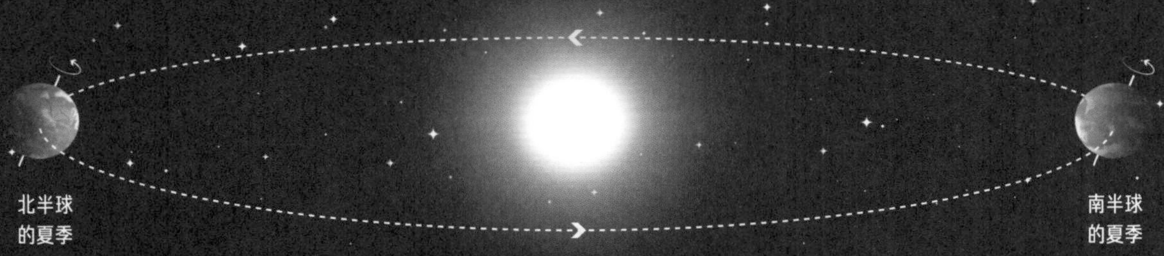

北半球
的夏季

南半球
的夏季

彗 星

了解完我们的地球家园后，在开始下一步旅行前，让我们花一点时间看看太阳系中一些较小的天体，因为这些太阳系小天体经常有可能与我们的地球轨道相交。太阳系小天体指的是围绕太阳运转但不符合行星和矮行星条件的天体，我们首先来看看彗星。

彗星的固体核心——彗核，主要由冰、冻结的气体分子以及小的岩石颗粒和尘埃组成，因此彗核也被形象地称为"脏雪球"，其直径从数百米到几十千米不等。彗星起源于我们太阳系的边缘，在如此遥远的距离上，从地球上是看不到这些小天体的，但是由于引力的影响，它们的轨道可能会被改变，朝着内太阳系前行。彗星在靠近太阳时将开始升温，当到达小行星带的位置时，热量足以让它释放气体，这就是所谓的"排气"过程。这一过程不仅会导致彗核质量下降，还会在彗核周围形成一层稀薄的大气，我们称之为彗发。当太阳风和辐射吹向彗发时，它会形成一条背向太阳的尾巴，也就是彗尾。正如人们所预料的那样，当一颗彗星靠近太阳时，彗发和彗尾的体积会随着温度的升高而增大，亮度也随之升高。这种情况将一直持续到它到达火星轨道，大约在这个位置，由于太阳风变得更强，足以剥离更多的气体，所以彗发开始缩小、彗尾变长。通常情况下，彗星会形成第二条尾巴，但它不是由气体组成的，而是由彗星释放的尘埃组成的。尘埃彗尾不像气体彗尾那么容易受到太阳风的强烈影响。气体彗尾一般细而直，可长达几千万千米甚至上亿千米；尘埃彗尾较为短、弯、粗，弯曲程度随彗星的不同而不同。

与行星不同，许多彗星的轨道是更加明显的椭圆，它们在一段时间内在离太阳非常近的地方旋转，然后返回太阳系的遥远边界。由于独特的运动轨迹，它们可能只被照亮几个星期，一旦彗发消失，它们就会在黑暗中度过漫长的时间。椭圆轨道上的彗星根据绕太阳公转的周期可以划分为 2 类：一类是短周期彗星，公转周期不到 200 年；另一类是长周期彗星，公转周期从 200 年到数千万年不等。短周期彗星的轨道平面接近行星所在的平面，而长周期彗星由于受行星的"牵引"作用较小，轨道倾角也更随机。一颗彗星有可能以一定的速度和角度飞行，导致其只经过太阳 1 次就被完全抛出太阳系。这些轨道为抛物线或双曲线的彗星称为非周期彗星，它们离开太阳系后，将继续深入星际空间，一去不复返。

彗星在多次近距离掠过太阳后，最终会失去水等挥发性成分，这些彗星将不再发光，变得像小行星一样沉寂。彗星虽然寿命有限，但数量并不稀少。据估计，在奥尔特云（第64 页）中可能有多达 1 万亿个类似彗星的小天体，在未来的某些时刻它们将冲进内太阳系。

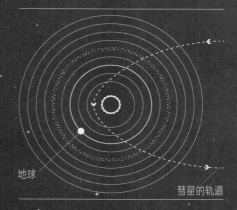

地球

彗星的轨道

彗星的组成

这里展示了彗星的各个组成部分。不同彗星的尺寸会有所不同，这里给出的是其中一种典型的尺寸和结构。

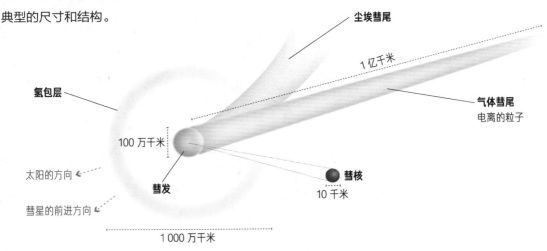

尘埃彗尾

1 亿千米

氢包层

气体彗尾
电离的粒子

100 万千米

太阳的方向

彗发

彗星的前进方向

彗核
10 千米

1 000 万千米

彗星的运行轨迹

右图描绘了一颗彗星是如何绕着太阳运行的，从中可以清晰地看到彗尾的方向。

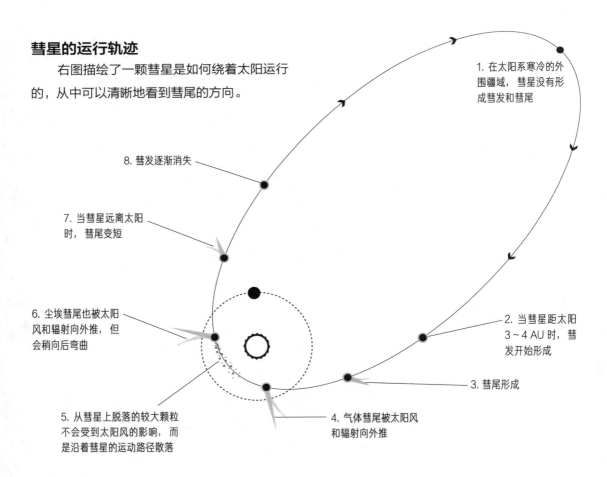

1. 在太阳系寒冷的外围疆域，彗星没有形成彗发和彗尾

8. 彗发逐渐消失

7. 当彗星远离太阳时，彗尾变短

6. 尘埃彗尾也被太阳风和辐射向外推，但会稍向后弯曲

2. 当彗星距太阳 3 ~ 4 AU 时，彗发开始形成

3. 彗尾形成

5. 从彗星上脱落的较大颗粒不会受到太阳风的影响，而是沿着彗星的运动路径散落

4. 气体彗尾被太阳风和辐射向外推

惊天大碰撞

1993 年，舒梅克－列维9号彗星被发现，但与当时所有已知的彗星不同，它并没有围绕太阳运行，计算表明，它不久就会坠落到木星。事实上，这颗彗星至少在被发现前20 年就被木星的引力捕获了。通过观测这颗彗星，天文学家发现，由于靠近木星巨大的引力场，彗核被分裂成了多块直径达 1.9 千米的碎片。

天文学家预测到了这颗彗星注定要撞击木星，于是就有了为这一重大时刻做准备的机会。一时间，全球许多地面和太空观测站都将望远镜对准了木星。1994 年 7 月 16 日，第一块碎片撞击了木星，在接下来6 天的时间里，又发生了 20 次猛烈的撞击。据统计，每次撞击都会产生超过 2.3万摄氏度的火球，并使木星大气喷射出大量气体羽流，气体羽流向云层外延伸了大约 3 200 千米。最剧烈的一次撞击发生在首次撞击 2 天后，据估计，这次撞击释放的能量相当于 6 万亿吨 TNT（梯恩梯）炸药，留下了一个直径达 1.2万千米的巨大暗区。虽然木星这颗气态巨行星很容易就吞噬了这些碎片，但碎片留下的伤痕却持续存在了数月之久。

这张合成图像由哈勃空间望远镜拍摄，显示了舒梅克－列维9号彗星撞击木星前排成一列的碎片。木星左上方的黑色圆点是正在经过木星的木卫一

已知的彗星

目前人类发现的彗星已经超过 4 000 颗，而且还会有更多的彗星不断被发现。以下是一些比较著名的彗星。

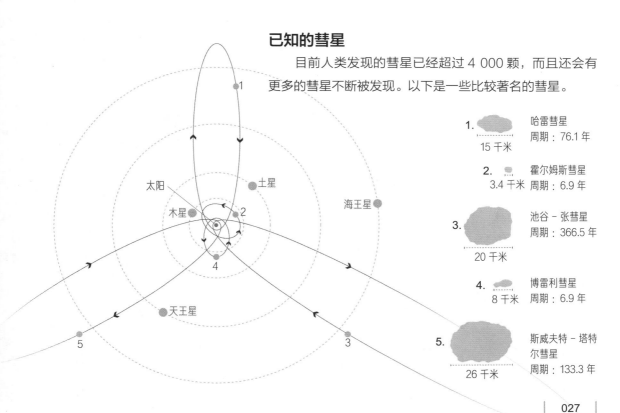

1. 哈雷彗星
周期：76.1 年
15 千米

2. 霍尔姆斯彗星
3.4 千米　周期：6.9 年

3. 池谷－张彗星
周期：366.5 年
20 千米

4. 博雷利彗星
8 千米　周期：6.9 年

5. 斯威夫特－塔特尔彗星
周期：133.3 年
26 千米

流星体、流星和陨石

除了不时让我们眼花缭乱的彗星，还有无数小天体散落在我们的太阳系中。小行星带，顾名思义，是太阳系大部分小行星的所在地，但我们只有在经过火星后才会到达那里。现在，我们先来看看流星体——散落在空间中的岩石和小颗粒。

流星体

流星体的直径一般在 1 厘米以下（大的直径可达 1 米），而直径不超过 0.1 毫米、质量不超过百万分之一克的微小流星体被称为微流星体。大部分流星体是小行星或彗星的碎片，一小部分是行星或卫星在被撞击后喷射出来的碎片。

石陨石

铁陨石

石铁陨石

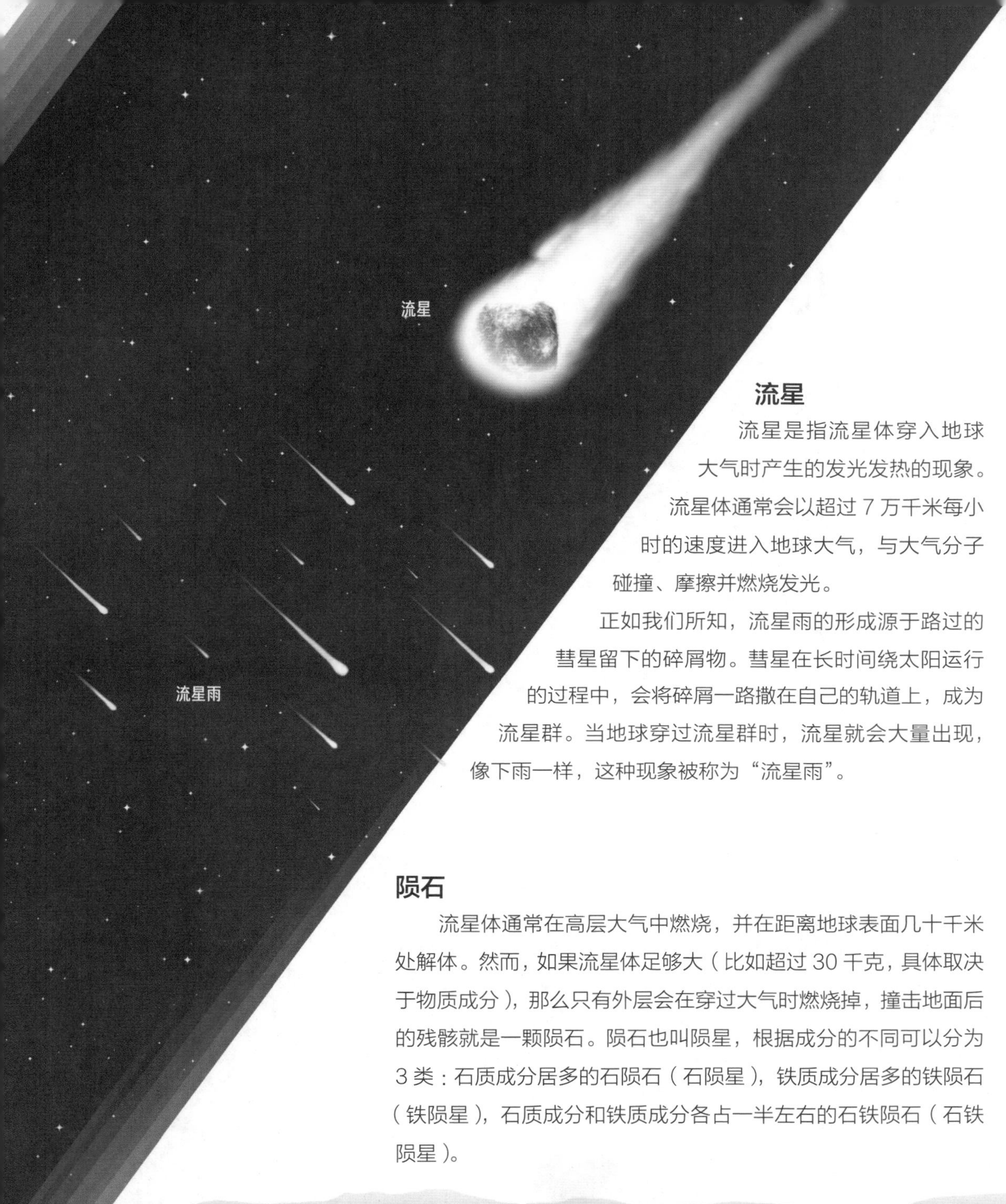

流星

流星

流星是指流星体穿入地球
大气时产生的发光发热的现象。
流星体通常会以超过 7 万千米每小
时的速度进入地球大气，与大气分子
碰撞、摩擦并燃烧发光。

正如我们所知，流星雨的形成源于路过的
彗星留下的碎屑物。彗星在长时间绕太阳运行
的过程中，会将碎屑一路撒在自己的轨道上，成为
流星群。当地球穿过流星群时，流星就会大量出现，
像下雨一样，这种现象被称为"流星雨"。

流星雨

陨石

流星体通常在高层大气中燃烧，并在距离地球表面几十千米
处解体。然而，如果流星体足够大（比如超过 30 千克，具体取决
于物质成分），那么只有外层会在穿过大气时燃烧掉，撞击地面后
的残骸就是一颗陨石。陨石也叫陨星，根据成分的不同可以分为
3 类：石质成分居多的石陨石（石陨星），铁质成分居多的铁陨石
（铁陨星），石质成分和铁质成分各占一半左右的石铁陨石（石铁
陨星）。

陨石

改变世界的大撞击

　　虽然大气为地球提供了保护，使我们免受较小太空碎片的伤害，但仍有一些天体能穿过大气。据估计，每年有超过 500 颗陨石坠落到地球表面，其中 99% 未能被发现，原因是它们大多数都坠落在了海洋和无人区，或者在无人察觉时坠落。更令人惊讶的是，地球几乎每年都会被一颗较大的撞击体击中，其释放的能量相当于投在广岛的原子弹。这种大小的撞击体经常在高空爆炸，产生明亮的闪光和巨大的雷鸣，只有较小的碎片最终到达地面。

　　在地球漫长的地质历史中，曾经发生过许多能量极高的撞击事件。大规模的撞击可以通过影响地球的地质、气候和生命来改变地球的演化进程。有时撞击会产生一系列可怕的后果：过热的火山灰和水蒸气被喷射到大气中，从撞击点扩散开来；一些物质被喷射到太空中，然后又像雨点一样落回，在重新进入大气时变得炽热，像无数火球，引发大面积火灾；席卷全球的冲击波引发地震、火山喷发和海啸；还有撞击形成的巨大陨星坑。幸运的是，撞击体尺寸越大，它们造访地球的概率就越低，所以人类到目前为止幸免于难。

　　当然，不仅仅是地球会受到陨石或其他撞击体的撞击，太阳系中其他地方也充斥着无数撞击的证据。事实上，太阳系其他岩质行星（和卫星）的证据保留得更好。除了拥有厚厚大气的金星，其他岩质行星比地球更好地保存了撞击导致的创伤。由于地壳不断运动，加上雨水慢慢地侵蚀着地表，地球的大部分撞击痕迹都被抹去了，但是我们仍然可以找到一些蛛丝马迹。

奇克苏鲁布陨星坑

目前科学界主流观点认为，这个陨星坑的形成与恐龙灭绝相关。奇克苏鲁布陨星坑位于墨西哥湾的尤卡坦半岛，直径约为 150 千米。今天，它的大部分被隐藏在水下，被数百米厚的沙子和沉积物掩埋，在海平面以上，只剩下少量陨星坑特征。它是 6 600 万年前一个直径至少为 11 千米的天体撞击地表形成的。在随后发生的大灭绝事件中，75% 的动植物物种都灭绝了。

弗里德堡陨星坑

弗里德堡陨星坑直径大约为 300 千米，是地球上已被证实的最大陨星坑。据估计，导致该陨星坑形成的小行星的直径为 10 ~ 15 千米，大小可能与导致奇克苏鲁布陨星坑形成的陨石相似，但速度要快得多，它在 20 多亿年前撞击了今天的南非。尽管这个陨星坑很大，但它的大部分地质特征都已经被风化改造了，剩下的地质特征是撞击点中心直径 70 千米的部分环形结构。弗里德堡陨星坑从太空中更容易辨认——左边的图像是从航天飞机上拍摄的。

巴林杰陨星坑

巴林杰陨星坑与上面提到的陨星坑相比要小得多（虽然该陨石对撞击区造成了实质性破坏，但没有在全球范围内造成破坏），然而它很值得一提：因为其良好的形态条件，它成为地球上第一个被确认的陨星坑。这个直径约 1.2 千米、深约 170 米的陨星坑发现于美国亚利桑那州，那里干燥的沙漠环境有助于保存陨星坑的特征，使其免受严重侵蚀。

月 球

在继续探索其他行星之前，我们先在月球上稍作停留。月球在距地球 38.44 万千米的轨道上绕着地球运行，是离地球最近的天体，也是唯——个我们人类亲自造访过的地外天体。

我们自开始旅程以来，遇到的第一颗卫星就是月球。这是因为水星和金星都离太阳太近

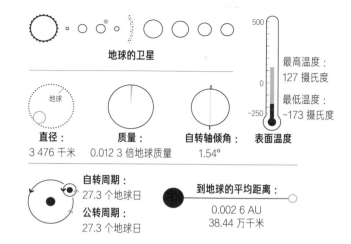

地球的卫星

直径：
3 476 千米

质量：
0.012 3 倍地球质量

自转轴倾角：
1.54°

表面温度

最高温度：
127 摄氏度

最低温度：
-173 摄氏度

自转周期：
27.3 个地球日

公转周期：
27.3 个地球日

到地球的平均距离：
0.002 6 AU
38.44 万千米

了，它们无法"抓住"一颗天然卫星。如果一颗卫星绕着水星或金星运行的距离太远，它就会被太阳的引力捕获并拖入炼狱；如果一颗卫星绕着水星或金星运行的距离太近，它就会被引潮力撕裂。

月球被认为是在太阳系诞生后不久形成的。大约在太阳系诞生 1 亿年后，一个火星大小的星子从侧面撞击了年轻的地球。毁灭性的撞击使地球上的物质喷射到绕地球的轨道上，这些物质最终聚集形成了月球。在月球形成之初，它的轨道距离地球只有目前距离的三分之一左右，自那以后，它就以大约 4 厘米每年的速度远离我们。月球刚诞生时是高速自转的，但引潮力逐渐减慢了它的自转速度，月球最终被潮汐锁定（相对于地球没有自转），这使得月球总是以同一面面对地球。

我们所熟悉的月球的另一个特征是月相。当月球围绕地球旋转时，它的外观根据其被照亮部分的不同而变化。从一次满月到下一次满月大约需要 29.5 天，这一周期形成了世界上许多古老历法的基础——1 个月有 30 天便是由此衍生出来的。

月球是太阳系中与母行星体积之比最大的卫星（就绝对大小而言，月球是太阳系中第五大的卫星），因此，它的引力对地球有相当大的影响，最显著的是它对海平面的影响。典型的半日潮是指某处的海平面每天出现 2 个涨落周期（发生 2 次高潮和 2 次低潮）。

在形成月球的大撞击发生之后，地球和月球的温度都超过了 1 000 摄氏度。月球由于体积小、散热快，火山活动仅持续了十几亿年[①]。不过，从地质学的角度来讲，月球并没有完全死亡。随着它与地球距离的变化（月球绕地球公转的轨道并非正圆形），它受到的地球引力以及来自太阳的引潮力也都在变化。这导致月球表面经历周期约为 27 天、幅度约为 10 厘米的潮汐形变，由此产生的应力积累以月震的形式释放出来。月震远没有地球上的地震严重，发生的频率也更低。阿波罗飞船留在月球表面的月震仪探测到了月震。

① 根据对中国嫦娥五号探测器带回的月球样品的研究，月球最年轻的玄武岩年龄为 20 亿年，这意味着月球的火山活动至少持续了 25 亿年。

月球的构成

与地球相比，月球的铁核非常小，这可以用月球起源的大碰撞假说来解释。大碰撞假说认为，大约 45 亿年前，一颗名为忒伊亚（Theia，古希腊神话中月亮女神之母的名字）的火星大小的星子与原始地球相撞。碰撞剥离了地球外层物质，其碎片在轨道上重新融合冷凝，形成了现在的月球；忒伊亚的核心大部分下沉，与地球核心合并，形成了现在的地核。因此，月球的大部分物质由富硅的岩石构成，铁核较小。

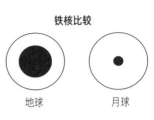

铁核比较

地球　　　　　月球

即将相撞　　　相撞　　　碎片绕地球运行　　碎片聚集　　月球形成

地球的潮汐

引力随着距离的增加而减小，因此某个天体对附近天体的不同部分施加了不同大小的力。固体会因引潮力而被拉长，而如果天体的表面像地球一样有液体汇集，那么引潮力将在天体周围的液体中引发高潮和低潮。

月球对地球的引力在较近的一侧更强。近侧的水被拉向月球，形成高潮[1]

月球对地球另一侧的引力较弱，离心力较强，远侧也形成高潮

月球　　　地球

探索月球

月球是唯一一个我们人类亲自造访过的地外天体。在 20 世纪 60 年代末和 70 年代初，美国国家航空航天局的阿波罗计划成功地完成了 6 次载人登月，航天员在月球上停留的时间也越来越长。在最后一次任务中，2 名航天员在月球表面待了整整 3 天。

① 地球上的潮汐还受到太阳引潮力的影响。

月相

下图中，内环显示了月球绕地球转动时不同区域被太阳照亮的情况，外环显示了我们从地球上看到的月球视面圆缺变化的各种形状。

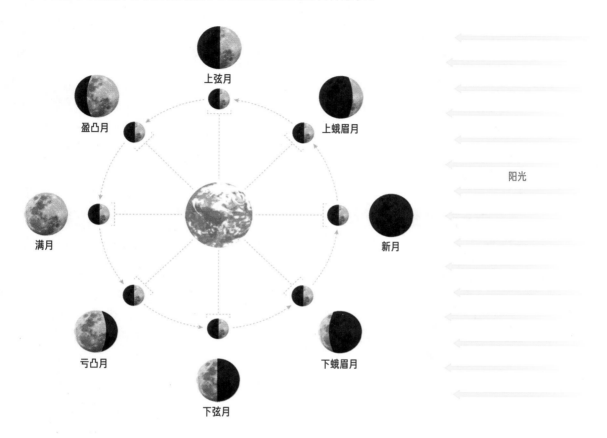

阳光

环形山

月球上的陨星坑通常又称为环形山，像太阳系其他天体表面的环形山一样，月球表面的环形山几乎是正圆形的。对此，你或许会感到疑惑，因为陨石可以来自任何方向，当陨石钻入天体表面时，很容易在表面留下条纹。但事实上，当陨石撞击天体表面时，大量的热量会导致陨石和周围的岩石蒸发。天体表面以下的气体突然释放出来，引起爆炸，爆炸在形状上是对称的，会留下一个比原来的陨石大很多倍的撞击坑。

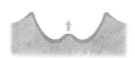

由于月球没有大气，所以任何撞向月球的物体都无法被减速。从陨石撞击月面的那一刻起，环形山就开始形成了

陨石坠入月面之下，与它所撞击的月面部分一起被高度压缩。大部分陨石蒸发并引起爆炸，把物质从撞击点抛射出去

如果陨石的质量和体积足够大，可能会形成一个中央峰。这是撞击后熔融的岩石向上反弹形成的

熔融的岩石下沉到环形山底部，陡峭的岩壁向内坍塌，可能形成阶梯状的环形山内壁。在较大的环形山中，遗留的中央峰也可能是阶梯状的

迷你月球

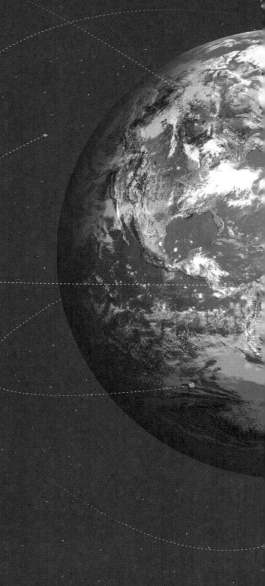

我们知道，有成千上万颗围绕太阳运行的小行星，其中一些会与地球的轨道相交。像这样的天体从地月系统附近经过时，可能被其引力捕获，进入不稳定的轨道。据估计，在任何时刻，都会有一两个洗衣机大小的天体以及约 1 000 个板球大小的天体在环绕地球的临时轨道上运行，它们称为迷你月球（mini-moon），即超小卫星。

超小卫星环绕地球运行的时间很少
超过 1 年。当它们绕着地球飞行 1 周后，
通常就会返回绕太阳的轨道，其余的一
些则会飞向地球，变成流星。

太阳系的卫星

这是我们太阳系所有已知的卫星。随着我们对太阳系的了解进一步深入，可能还会发现更多围绕着气态巨行星运行的卫星。

 水星：0

 金星：0

 地球：1

 火星：2

木星：79[1]

---

① 截至 2023 年 3 月，已确认的土星卫星数量更新为 83 颗，木星卫星数量更新为 92 颗，下文中不再赘述。

土星：82

天王星：27

海王星：14

冥王星（矮行星）：5

火 星

火星是距离太阳第四近的行星，也是我们将拜访的最后一颗岩质行星。火星以古罗马神话中战争之神玛尔斯（Mars）的名字命名很合适，因为火星的颜色与血很像。这颗行星呈现红色是由于其大部分表面覆盖了富含氧化铁的尘埃。虽然火星的颜色与地球非常不同，并且直径只有地球的一半，但火星仍是太阳系中最像地球的行星。

这颗红色星球似乎以与地球类似的方式开始了"生命"。火星曾经有过厚厚的大气甚至海洋，这是因为它曾经像地球一样，有一个强大的磁场来屏蔽有害的太阳风和宇宙辐射。但大约 40 亿年前，火星的磁场几乎消失了。我们知道这是由于火星的液态铁核内的循环流动停止了，但是为什么会发生这种情况仍然是个谜。有一种理论认为，由于火星体积小，所以冷却得更快，它的核心现在几乎冷却成了固体，但这一理论尚未得到证实。随着火星磁场的消失，大气也消失了，因为气体分子被太阳风吹到了太空。这一过程导致气压下降，使得液态水不可能在火星表面存在，从而使火星形成了我们今天所知道的干燥、寒冷的环境。目前，火星的磁场强度还不到地磁场强度的 1%，几乎起不到任何保护作用。

尽管火星相比金星距离地球更远，但火星仍是一个更适合我们探索的目的地——它比金星上炼狱般的环境要好得多。火星上确实有水，但不是液态的，其中大部分被封存在两极的冰盖中，还有一些水以水蒸气的形式存在于大气中。通过观察火星表面，科学家发现了大量表明这里曾经有水流过的证据。瀑布、海床和河流尽管早已干涸，但它们的遗迹足以证明火星是一个非常不同的地方，可能曾经是一个像我们地球一样的蓝色星球。在风平浪静的日子里，由冰晶构成的卷层云偶尔会飘过贫瘠的土地。但是火星上的天气变化多端，从局部风暴到席卷整个火星的巨大沙尘暴都相当频繁，这些事件很难预测，可能会给计划在火星着陆的火星车带来麻烦。复杂多变的大气条件使得科学家很难预测航天器的下降速度，许多航天器在火星表面着陆时发出巨响，而不是像预期的那样平稳着陆。

火星与地球的另一个相似之处是大气的组成。火星的大气主要由二氧化碳（95.3%）、氮气（2.7%）和氩气（1.6%）组成，这些成分都存在于地球的大气中。然而与地球不同的是，火星大气中氧气含量极低。我们地球上丰富的氧气来自进行光合作用的植物，而火星上没有这些植物。由于火星大气非常稀薄，所以在夜间很容易散失热量。火星上 1 天（火星日）的长度与地球日非常接近，为 24 小时 37 分钟。火星夏季白天温度最高可达 35 摄氏度，冬季夜间温度最低可至 -145 摄氏度——比南极洲最冷的地方还要低 50 多摄氏度。

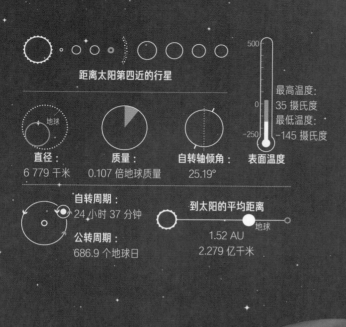

距离太阳第四近的行星

直径：
6 779 千米

质量：
0.107 倍地球质量

自转轴倾角：
25.19°

地球

最高温度：
35 摄氏度
最低温度：
−145 摄氏度

表面温度

自转周期：
24 小时 37 分钟

公转周期：
686.9 个地球日

到太阳的平均距离

地球

1.52 AU
2.279 亿千米

火星上的冰

火星的自转轴倾角与地球差别不大，因此它的季节也与地球相似。就像地球一样，火星也有冰盖，冰盖冬季扩张，夏季收缩，南部冰盖是两个冰盖中较大的一个。如果南部冰盖全部融化，其水量将足以覆盖整个火星11米深。

北半球的冬季

北部冰盖上有更多的冰

南半球的冬季

南部冰盖上有更多的冰

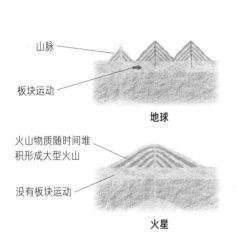

山脉

板块运动

地球

火山物质随时间堆积形成大型火山

没有板块运动

火星

奥林波斯山

火星表面遍布火山地貌，熔岩流、熔岩平原和太阳系中最大的火山在火星表面清晰可见。火星上的上一次大型火山活动发生在大约2亿年前，未来也许还会有火山活动，但是现在尚无证据显示火星上有热点。

火星上由火山活动形成的最高的山是奥林波斯山，它的高度大约是珠穆朗玛峰的2.5倍，是我们所知的整个太阳系中最高的山峰。火星上的火山之所以能够比地球上的更高更大，是因为那里的重力较低，这导致了更大的岩浆房和更长的熔岩流。此外，由于火星上没有板块运动，火山可以在同一地点喷发数百万年。在地球上，地壳运动导致了山脉的形成。

页面底部的景观是美国国家航空航天局的好奇号火星车于2017年9月4日拍摄的，拍摄地点是一个被称为默里孤峰群的地区。前景中较平坦的区域含有泥质沉积物，这表明它曾经是一个湖床，在湖床之外，平顶孤峰群拔地而起。它们由砂岩构成，随着时间的推移被风沙缓慢侵蚀

奥林波斯山

21.9 千米

珠穆朗玛峰

8.85 千米

火星的卫星

火星有 2 颗卫星——火卫一和火卫二，它们都很小，而且形状不规则。一种关于火星卫星起源的理论认为，它们曾经是小行星，由于经过火星时距离火星太近而被其引力捕获。火卫一是其中较大的一颗，它的轨道距离火星表面不到 1 万千米，而且每过 1 个世纪，火卫一的高度就下降 2 米。在未来的某个时刻，它将达到洛希极限，被火星引力撕成碎片，最终可能会形成一个像土星环那样的系统。

火卫一

22.5 千米

火卫二

12.4 千米

火卫一和火卫二分别以古希腊神话中战神阿瑞斯（Ares）的 2 个儿子福波斯（Phobos）和得摩斯（Deimos）命名，他们和父亲一起骑马上了战场

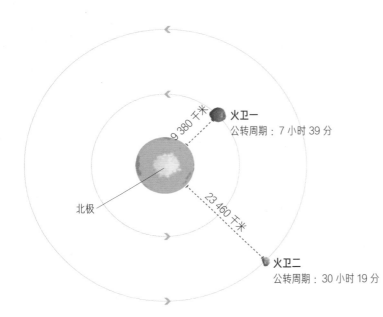

北极

9 380 千米

火卫一
公转周期：7 小时 39 分

23 460 千米

火卫二
公转周期：30 小时 19 分

尘埃云

火星表面除了有时常盘旋的螺旋状尘埃龙卷风，更大规模的沙尘暴也经常发生。尘埃柱可以达到 1 千米高，环绕整个火星。在风暴持续的几周或几个月里，不仅火星表面的光线会减弱，我们观察火星表面特征的视线也会受阻。

表面特征明显

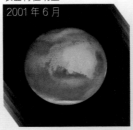

2001 年 6 月

风暴遮蔽了表面特征

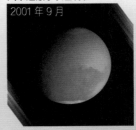

2001 年 9 月

（图片由哈勃空间望远镜拍摄）

小行星带

处于火星和木星之间

到太阳的平均距离
地球
2.7 AU[①]
约 4 亿千米

① 小行星带主要分布在距太阳
2.06 ~ 3.28 AU 的范围内。

中最大的天体，然而与真正的行星相比，它显得非常小。就在谷神星被发现 1 年后，另一个天体智神星被发现在相似的距离上绕太阳运行。通过早期的望远镜观察时，这些天体呈现为微小的光点，很像遥远的恒星，它们在天空中区别于恒星的唯一特征就是它们的移动速度很快。正是因为它们与恒星相似，我们才使用"小行星"（asteroid）这个词，这个词来源于希腊语，意思是"像恒星一样的"。智神星被发现 5 年后，天文学家又在小行星带中发现了另外 2 颗比较大的小行星。随着我们探测更小天体的能力不断提高，我们已知的小行星的名单也在扩大——今天科学家已经对超过 75 万颗小行星进行了编目。

尽管小行星数量众多，但它们在小行星带中的分布并不像人们想象的那样密集，它们之间的平均距离比地月距离还要远。整个小行星带的质量仅相当于月球的 4%，而且这个质量还分布在一个非常大的区域内。据计算，一艘宇宙飞船在穿过小行星带时撞上小行星的概率不到十亿分之一。

天文学家认为，在太阳系形成早期，小行星带所含的物质大约是现在的 1 000 倍。然而，由于附近有木星的存在，岩石和金属碎片无法吸积并形成岩质行星。这颗巨星的引力影响导致小行星带内的碰撞非常猛烈，互相碰撞的小行星会更频繁地碎裂，无法结合成更大的天体。木星偶尔也会把小行星抛出带外，这也是小行星带的质量持续减少的原因。

值得一提的是，今天的很多天文学家认为提丢斯－波得定则预测出一些行星的位置只不过是一种巧合。1846 年，海王星被发现，但它实际的轨道位置与提丢斯－波得定则预测的相差甚远。

18 世纪晚期，天文学家开始在火星和木星之间寻找一颗行星。19 世纪初，天文学家在该区域接连发现了围绕太阳运行的小天体，但它们体积太小，不可能是行星。到了 19 世纪中期，这些天体被发现的速度越来越快，因此我们意识到：太阳系的这个区域不是行星的家园，而是散落着大量岩石碎片。

火星和木星之间应该存在一颗行星的猜想，最初是由德国天文学家开普勒在 1596 年提出的，原因是上述 2 颗行星之间的距离太大了。1766 年，德国天文学家提丢斯（Titius）发现行星到太阳的距离遵循着某种规律（类似等比级数的规律性增加），1772 年德国天文学家波得（Bode）对提丢斯的工作进行了推进，使这一规律可以用公式表示并得到天文学家的重视，因此其被称为提丢斯－波得定则。1781 年，人们发现了天王星，它到太阳的距离几乎完美符合提丢斯－波得定则的预测，天文学家们备受鼓舞，这促使人们开始寻找本节开头所讲的"失踪的行星"以及该理论预测的其他行星。

小行星带中第一个被发现的天体是 1801 年观测到的谷神星。不出所料，这是小行星带

小行星带

太阳系中的绝大多数小行星都位于小行星带，这个区域也因此被称为主带，主带小行星绕太阳1周通常需要 4 ~ 5 年。此外，还有 2 组小行星沿着木星的轨道运行，分别位于木星前方 60° 和后方 60° 的位置[①]，被称为特洛伊型小行星。有时，木星的引力可以使主带小行星偏离其在主带中的稳定轨道，这有可能会形成近地小行星（与太阳最近距离不超过 1.3 AU 的小行星）。通常情况下，近地小行星在与其他行星相撞或被弹出太阳系之前只能在轨道上运行几百万年到 1 亿年。

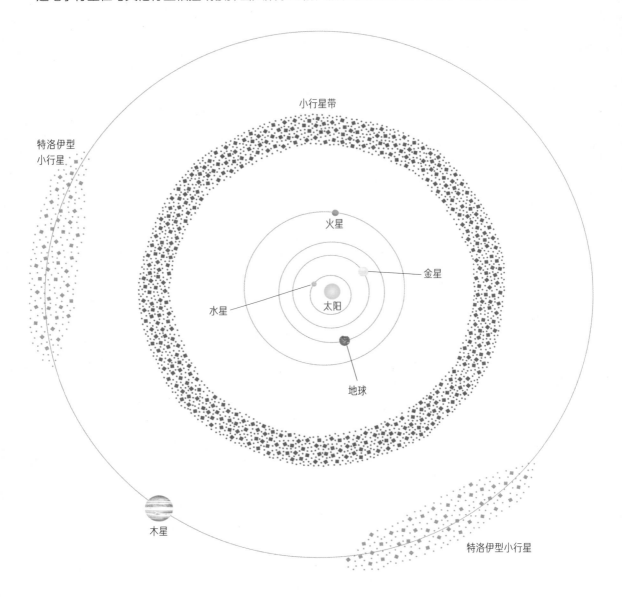

特洛伊型小行星

小行星带

火星

金星

水星

太阳

地球

木星

特洛伊型小行星

---

① 将木星和太阳视为 2 个大天体，则其周围有 5 个位置（5 个拉格朗日点）可以使第三个小天体在它们的引力以及轨道离心力的作用下处于平衡。这 2 组小行星就位于太阳和木星连线两侧各 60° 方向的拉格朗日点 L_4 和 L_5。

最大的小行星

在 200 多年的时间里，谷神星一直被认为是最大的小行星。但谷神星的引力足够强大，可以将自己拉成球形，因此在 2006 年，国际天文学联合会宣布把它归类为矮行星。在自身引力的作用下，小行星在直径达到 600 千米时往往会成为球形，但这一数值具体取决于它的成分。

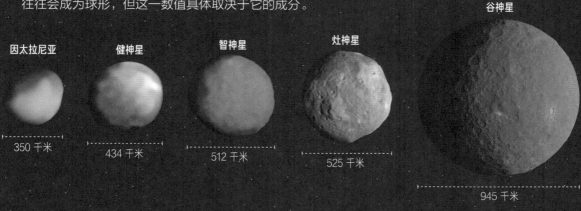

因太拉尼亚
350 千米

健神星
434 千米

智神星
512 千米

灶神星
525 千米

谷神星
945 千米

小行星的演化

从天文学角度来看，小行星带中经常发生碰撞，导致了一系列不同的后果。

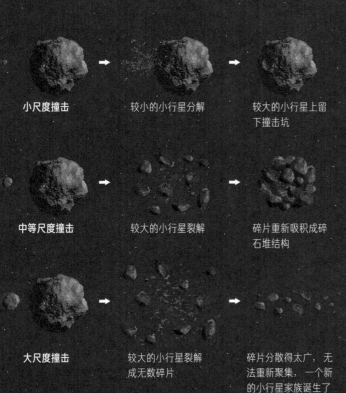

小尺度撞击　　较小的小行星分解　　较大的小行星上留下撞击坑

中等尺度撞击　　较大的小行星裂解　　碎片重新吸积成碎石堆结构

大尺度撞击　　较大的小行星裂解成无数碎片　　碎片分散得太广，无法重新聚集，一个新的小行星家族诞生了

当一颗小行星变得足够大时，其内部的放射性元素衰变产生的热量会使其升温直到熔融。较重的元素会下沉到中心，而较轻的元素会在顶部形成幔和壳。

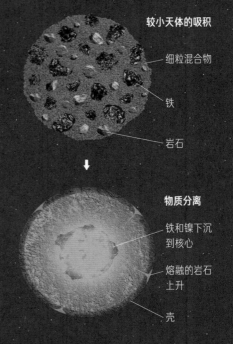

较小天体的吸积

细粒混合物

铁

岩石

物质分离

铁和镍下沉到核心

熔融的岩石上升

壳

木 星

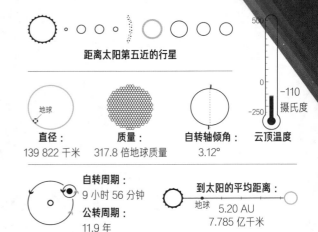

距离太阳第五近的行星

地球

直径：
139 822 千米

质量：
317.8 倍地球质量

自转轴倾角：
3.12°

云顶温度
500
0
−250
−110
摄氏度

自转周期：
9 小时 56 分钟

公转周期：
11.9 年

到太阳的平均距离：
地球
5.20 AU
7.785 亿千米

离开小行星带后，我们进入外太阳系，前往巨大的木星。木星是太阳系行星中质量和体积最大的，它的质量几乎是其他所有太阳系行星质量总和的 2.5 倍，体积是地球的 1 300 多倍。木星的名字朱庇特（Jupiter）取自古罗马神话中的众神之王，木星也是当之无愧的"行星之王"。

在木星最亮的时候，它的亮度仅次于夜空中的月球和金星，因此在有历史记载之前就已被人类所知。这颗巨行星有许多卫星，我们目前知道的有 79 颗，但其中许多都非常小——63 颗直径不到 10 千米。木星最大的 4 颗卫星被称为伽利略卫星，因 1610 年由意大利天文学家伽利略首先用望远镜发现而得名。

当离开木星卫星的轨道向木星移动时，我们会发现木星和我们将要访问的其他气态巨行星一样，没有固体表面可供站立。首先我们到达环绕木星的旋涡状云层，该云层主要由氢和氦组成，还包含更复杂的气体。云层相对较薄，大约 50 千米厚。在云层以下，主要由氢组成的大气密度逐渐增大，因为更靠近核心的地方将会受到更大的压力，直到氢变为液态。虽然未经证实，但人们推测在木星的核心存在一个由岩石、金属和氢的化合物组成的固体核心。木星核心附近的温度和压力非常高，以至于氢原子失去了电子，表现得像液态金属一样。液态金属氢具有导电性，它在围绕核心运动时产生的磁场强度是地磁场强度的 14 倍。

尽管木星核心附近温度极高，但木星"表面"的温度却低于 −100 摄氏度。在距离太阳这么远的地方，沿轨道运行的天体只能接收到太阳辐射的极小一部分。实际上，木星辐射出的热量是它从太阳接收到的热量的 1.7 倍，这导致木星的温度逐渐降低。这一冷却过程也导致木星以大约 2 厘米每年的速度缓慢收缩。

木星的另一个特点是它的自转速度快，其自转周期仅为 9 小时 56 分钟（赤道部分的自转周期比两极地区略短），故而它拥有太阳系行星中最短的白昼。由于木星自转过快，其赤道周围形成了一个明显的隆起。木星的自转轴几乎与公转轨道面垂直，所以木星上没有明显的季节之分，并且因为木星深部一直在释放热量，所以整个行星的表面温度几乎是均匀的。

虽然木星是一颗非常大的行星，但它距离成为恒星还差得很多。它的质量需要达到现在的 80 倍才能成为最冷、最暗的恒星——红矮星。在这个质量下，其核心的压力和温度将上升到可以发生核聚变的水平。

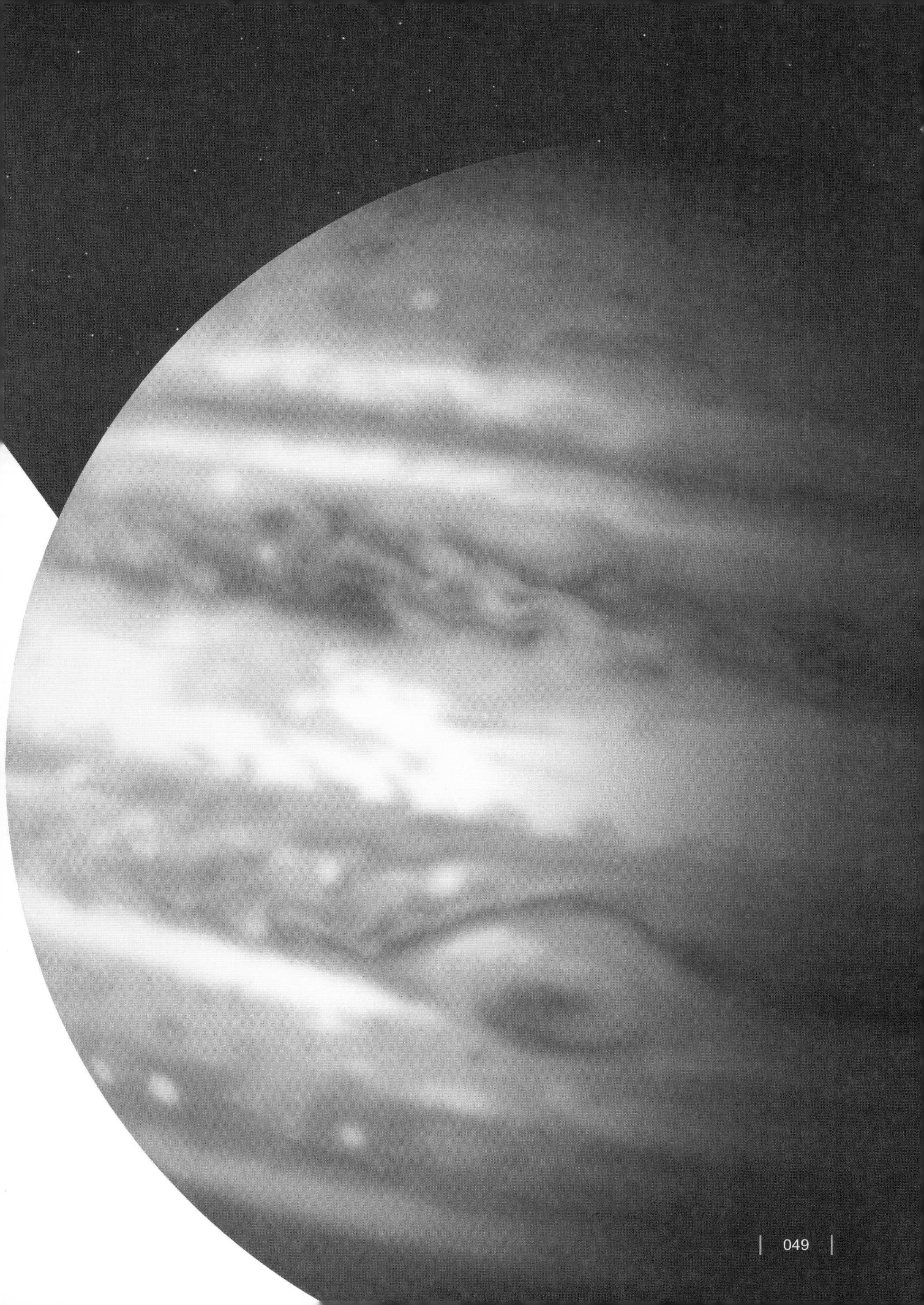

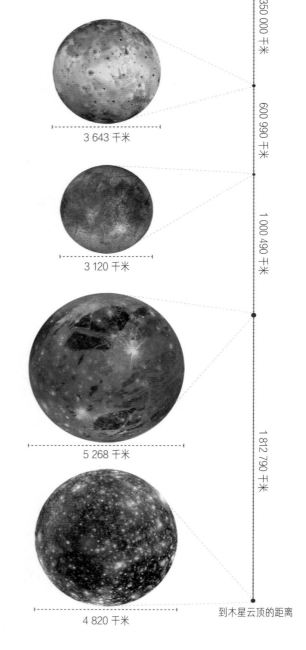

伽利略卫星

1610 年，伽利略对望远镜进行了改进，他也因此成为第一个观测到木星卫星的人。尽管木星有很多卫星，但自伽利略之后近 3 个世纪都没有再发现木星的新卫星，直到 1892 年巴纳德（Barnard）发现了木卫五。伽利略卫星是太阳系中除太阳和行星外最庞大的几个天体。

木卫一（伊奥）

作为伽利略卫星中最靠近木星的一颗，它被木星和其他大卫星从各个方向拉扯。卫星内部产生的摩擦、热量和压力使其成为太阳系中地质活动最活跃的天体——木卫一上有 400 多座活火山

3 643 千米

木卫二（欧罗巴）

木卫二是太阳系中表面最光滑的大型天体。其壳层是由冰构成的（颜色较深的区域代表矿物含量较高），由于木卫二内部的热量，在冰的下面可能存在液态水的海洋

3 120 千米

木卫三（盖尼米得）

太阳系中最大的卫星，甚至比水星还要大。这是唯一已知的拥有磁场的卫星，它的磁场可能像地球一样是由液态铁核的流动形成的

5 268 千米

木卫四（卡利斯托）

由于没有火山活动的迹象，木卫四的表面没有山脉或熔岩平原这样的地质特征。木卫四的表面是太阳系中最古老、陨星坑最多的表面之一，分布着拥有明显多环结构的撞击盆地

4 820 千米

350 000 千米

600 990 千米

1 000 490 千米

1 812 790 千米

到木星云顶的距离

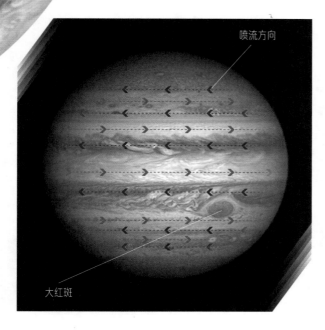

喷流方向

大红斑

喷流

永久笼罩着木星的湍流云以高达 360 千米每小时的速度飞驰。木星上颜色较浅的区域被称为白区，颜色较深的区域被称为红带。白区由上升的暖气流结晶形成的氨晶体云组成，这些处在较高位置的云层因反射阳光而呈现出明亮的颜色。暗的红带由较冷的下沉气流构成。

大红斑

木星的标志性大红斑是一个比地球还大的巨型风暴。大红斑的宽度较为恒定，约为 1.4 万千米，但其长度在 2 万～4 万千米之间变化。目前大红斑的长度正以 900 多千米每年的速度减小，天文学家不知道它是否会继续缩小直到消失，或者这种缩小是否只是自然波动的一部分。

木星 – 太阳系统

由于木星的质量太过巨大，所以它与太阳之间的质心位于太阳表面上方（而不是太阳内部）约 5 万千米处（图中仅为示意，非严格按比例绘制）。

太阳

质心

木星

靠近木星

右侧这张照片是美国国家航空航天局的朱诺号探测器在 2018 年 10 月 29 日拍摄的，当时它正在执行第 16 次近距离飞掠木星的任务。照片显示的是北温带北部，即靠近木星北极的地带。在距离木星大气 7 000 多千米的高空，可以非常清晰地看到无数的旋涡云。

土 星

距离太阳第六近的行星

直径：
116 464 千米

质量：
95.16 倍地球质量

自转轴倾角：
26.73°

云顶温度

-160 摄氏度

500
0
-250

自转周期：
10 小时 33 分钟

公转周期：
29.5 年

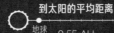

到太阳的平均距离
地球　9.55 AU
14.29 亿千米

我们到达的第二颗气态巨行星是土星，它是太阳系中的一颗明珠。壮观的光环——土星环将它与其他行星明显地区分开来。虽然土星在体积上能容纳 764 个地球，但它的质量只有地球的大约 95 倍。在太空中运动时，土星的低密度使它有一种轻盈的感觉，这种感觉与它精致的光环相得益彰。

作为人类在古代所知的距离地球最远的行星，土星在天空中穿行的速度比其他行星慢得多。正因为如此，它才以古罗马神话中时间之神——萨图恩（Saturn）的名字命名。古罗马人认为他们的神萨图恩对应于古希腊神话中的克洛诺斯（Cronos），由此衍生出了如年表（chronology）和天文钟（chronometer）这样的词。

1610 年，伽利略首次观测到了土星的光环，它看起来就像是土星的 2 个把手，因此伽利略推测他可能看到了一个有 2 颗卫星的天体，它们分别在土星两边非常近的距离上沿轨道运行。由于伽利略所用的原始望远镜观测能力有限，他很难做出进一步的预测。直到 1656 年，荷兰天文学家克里斯蒂安·惠更斯（Christiaan Huygens）才借助更先进的设备辨别出这些特征是环绕土星的环。又过了 20 年，望远镜的进步揭示了土星环不是一整个环，而是由多个环组成的。最初，人们推测这些环是坚硬的固体带，但这一观点在 1848 年被爱德华·洛希（Edouard Roche）推翻了。

天文学家还没有确定土星环是如何形成的，但是有 2 种主要的理论：一种理论认为，土星环是土星的一颗被摧毁的卫星的残骸，这颗卫星可能因离土星太近而被引潮力撕裂；另一种理论认为，土星环是形成土星的尘埃和粒子云中的剩余物质。在土星环中，有的环边缘附近有一些小卫星，被称为牧羊犬卫星。这些小卫星的引力有助于塑造土星环中的环带，并把想逃离环带的物质驱赶回去，因此得名。这些小卫星只是土星 80 多颗已知卫星的一小部分，大部分卫星的轨道都在可见环系的范围之外。

土星的成分与木星非常相似，主要是氢和一些氦，理论上在其中心也有一个坚固的岩石核心。像木星一样，土星的核心周围也有液态金属氢围绕其流动，但规模较小——它产生的磁场强度只有木星的二十分之一。虽然土星和木星由相似的物质组成，但土星的密度比木星小得多。由于木星质量巨大，其引力也要大得多，这极大地压缩了构成它的物质。而土星质量较小，因此引力也较小，土星的物质可以在一定程度上松弛和膨胀，这导致土星成为太阳系中密度最小的行星。

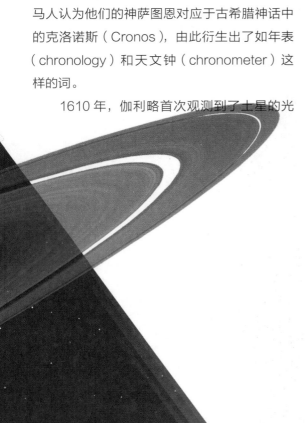

并非唯一

土星并不是太阳系中唯一拥有光环系统的行星——所有 4 颗气态巨行星都有光环。然而，土星的光环是最显眼的，因此早在 17 世纪初就被观测到。而直到 1977 年，我们才发现天王星的光环，木星和海王星的光环分别在 1979 年和 1989 年被发现。

土星环非常薄，厚度从 10 米到 1 千米不等，由不计其数的物体（直径从微米级到几米不等）组成。这些物体的主要成分是冰，其中混杂着微量岩石和尘埃。随着对土星环的观测越来越详细，人们发现它是由许多不同的环组成的，各个环之间存在环缝。A 环和 B 环是其中最厚且最明显的 2 个，其他的环则很难被探测到。旅行者 2 号探测器又进一步发现每个环是由很多细环组成的。

晕环
（也译为光环、晕环）

主环

阿马尔塞薄纱环

底比斯薄纱环

20 万千米

神秘的北极

1981 年，旅行者 2 号探测器在土星北极发现了一个近似六边形的奇特风暴。该六边形风暴的每条边长约 1.5 万千米，比地球的直径还长。科学家提出了一些理论解释其成因，并在实验条件下模拟出了类似的多边形旋涡。该六边形风暴的一个奇怪特征是它会变色，这一点尚未得到清晰解释。2012—2016 年，卡西尼号探测器观察到它从蓝绿色逐渐变成了金色。

卡西尼号探测器拍摄的照片

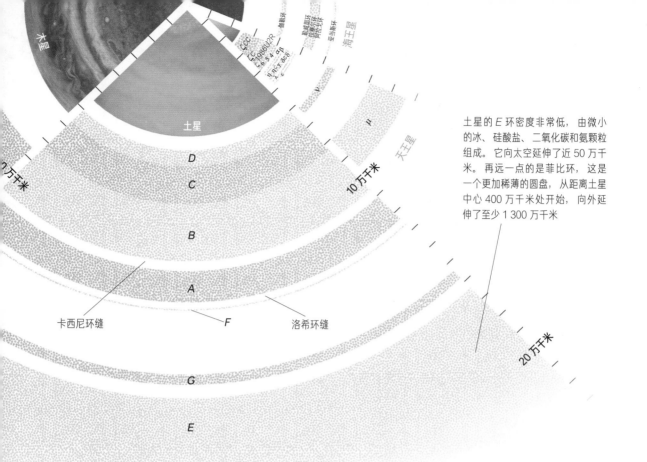

土星的 E 环密度非常低，由微小的冰、硅酸盐、二氧化碳和氨颗粒组成。它向太空延伸了近 50 万千米。再远一点的是菲比环，这是一个更加稀薄的圆盘，从距离土星中心 400 万千米处开始，向外延伸了至少 1 300 万千米

木星

土星

天王星

海王星

D

C

B

A

μ

卡西尼环缝

F

洛希环缝

G

E

10 万千米

20 万千米

漂浮在水上

　　作为太阳系中密度最小的行星，土星的平均密度仅为 0.69 克每立方厘米——它是太阳系中唯一一颗密度小于水的行星，水的密度为 1 克每立方厘米。这意味着，如果把土星放在一片足够大的海洋中，它会漂浮在海水的表面。

天王星

随着我们进入太阳系更黑暗、更寒冷的区域，我们到达了天王星。这颗青蓝色的行星乍一看似乎平淡无奇，缺乏任何可辨识的特征，但它比我们看到的要复杂得多。这颗行星与其他行星最大的区别在于它独特的自转。太阳系的其他主要天体在绕太阳公转的同时，是像陀螺一样自转的，而天王星的自转轴倾角高达97.77°，这意味着它在绕太阳公转的同时是躺着自转的。这颗行星似乎是这群天体中一个滑稽的异类。

虽然在条件极其完美的情况下，我们可以勉强用肉眼看到天王星，但直到1781年它才被英国博学多才的威廉·赫歇尔（William Herschel）爵士用自制的望远镜发现，这也是第一颗用望远镜发现的行星。经过一番辩论，人们决定，为了与其他行星保持一致，这颗行星也应该以一名神话中的神来命名。最终乌拉诺斯（Uranus）这个名字被选中，天王星也成为唯一一颗使用古希腊神的名字命名的行星，其他行星都是以古罗马神的名字命名的。赫歇尔的发现将已知太阳系的直径扩大了1倍。

由于距离太过遥远，对天王星的研究要比对其内侧行星的研究少得多。我们只访问过天王星和海王星1次，旅行者2号在20世纪80年代后期飞掠了这2颗行星。当它经过天王星时，我们第一次有机会测量天王星的磁场，结果非常令人惊讶。天王星的磁场不是来自行星

的中心，磁轴也与行星的自转轴方向相差甚远。其实我们早该预料到这种情况，毕竟天王星像喝醉了酒一样，是躺着围绕太阳公转的。

与木星和土星一样，天王星主要由氢和氦组成，但它还含有较高比例的由水、氨和甲烷结成的冰。天王星外层大气中的少量甲烷吸收了光谱红端的可见光，从而赋予了这颗行星柔和的青蓝色色调。当我们深入天王星时，会发现氢和氦的冷云变得越来越稠密，直到我们到达由上述的冰组成的幔。正是由于这些冰的存在，人们才用"冰巨星"或"冰质巨行星"来形容这类行星，以便将它们与其他气态巨行星区分开来。天王星"不稳定"的磁场被认为是在相对较浅的部位产生的：水分子分解成离子，由此产生的流动的带电粒子海洋是天王星磁场的来源。如果这是真的，那么它可能有助于解释天王星磁场的不均匀性，因为其他行星是在更靠近核心的地方产生磁场的。最后，在天王星的中心有一个很小的岩石核心，其质量比地球还小。

天王星虽然不是离太阳最远的太阳系行星，却是最寒冷的太阳系行星。人们目前并不完全清楚为什么天王星的内部热量如此的低。它所接收到的太阳热量只有地球接收到的太阳热量的0.25%，这大致等于它辐射回太空的热量，所以这颗行星在现阶段既没有冷却也没有变热。有一种理论认为，天王星在年轻的时候

被另一个行星大小的天体撞击过，这可以解释为什么它的自转轴如此之斜。这个巨大的撞击体可能也使年轻的天王星失去了大量高温物质，从而解释了为什么今天的天王星如此寒冷。

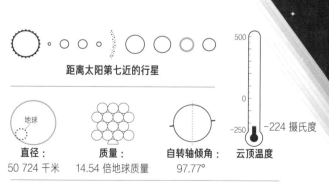

距离太阳第七近的行星

地球

直径：
50 724 千米

质量：
14.54 倍地球质量

自转轴倾角：
97.77°

云顶温度
500

0

-250 -224 摄氏度

自转周期：
17 小时 14 分钟

公转周期： 84 年

到太阳的平均距离：
地球   19.2 AU
28.75 亿千米

行星和卫星的大小按比例绘制，它们之间的距离未按比例绘制

天卫七　天卫九　天卫十一　天卫十三　天卫十四　天卫十五

天卫六　天卫八　天卫十　天卫十二　天卫二十七　天卫二十五　天卫二十六

内卫星

天卫五　　　　天卫一

大卫星

卫星

对天王星卫星的首次观测发现，它们是上下围绕着天王星运行的，而不是像其他行星的卫星那样左右围绕着行星运行——这与天王星自转轴严重倾斜有关。今天我们已经知道天王星有 27 颗卫星，预计以后还会发现更多。与其他气态巨行星相比，天王星卫星的总质量是最小的。天王星的卫星由岩石和冰构成，可以很容易被分为 3 个不同的组：内卫星、大卫星、不规则卫星。从内向外：

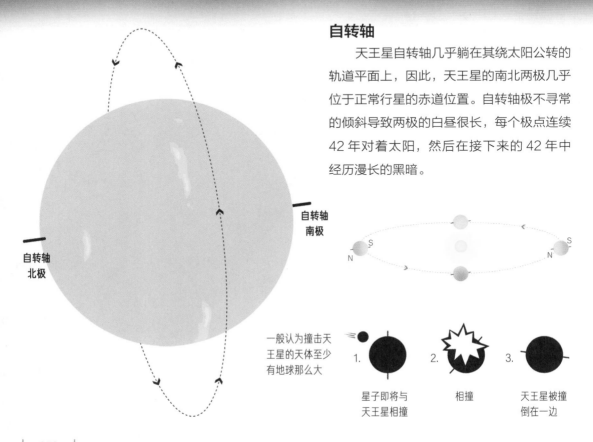

自转轴

天王星自转轴几乎躺在其绕太阳公转的轨道平面上，因此，天王星的南北两极几乎位于正常行星的赤道位置。自转轴极不寻常的倾斜导致两极的白昼很长，每个极点连续 42 年对着太阳，然后在接下来的 42 年中经历漫长的黑暗。

自转轴
南极

自转轴
北极

一般认为撞击天王星的天体至少有地球那么大

1.
星子即将与天王星相撞

2.
相撞

3.
天王星被撞倒在一边

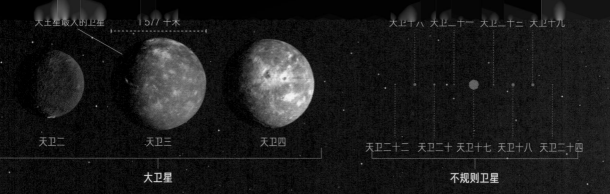

天王星最大的卫星 ← - - - 1577千米 - - - → 　　　　　　大卫十八　大卫二十一　大卫二十二　大卫十九

天卫二　　　　天卫三　　　　天卫四　　　　　天卫二十二　天卫二十　天卫十七　天卫十八　天卫二十四

大卫星　　　　　　　　　　　　　　　　　　　　　　　**不规则卫星**

第一组由 13 颗小卫星组成，它们围绕天王星运动的公转周期不到 1
天；接下来的 5 颗卫星要大得多，它们是一组质量大到可以使自身变
成球形的卫星；在这些卫星之外还有最后一组，由 9 颗形状不规则的
小卫星组成，其中天卫二十四距离天王星超过 2 000 万千米。

天王星的卫星大多以威廉·莎士
比亚（William Shakespeare）
和亚历山大·蒲柏（Alexander
Pope）作品中的人物命名

磁场

　　通过下图我们可以看到天王星的磁场相对于它的自转
轴是如何错位的，而且磁轴没有穿过天王星的中心。

美国国家航空航天局的旅行者 2
号在飞往海王星的途中拍摄的月
牙形的天王星图像

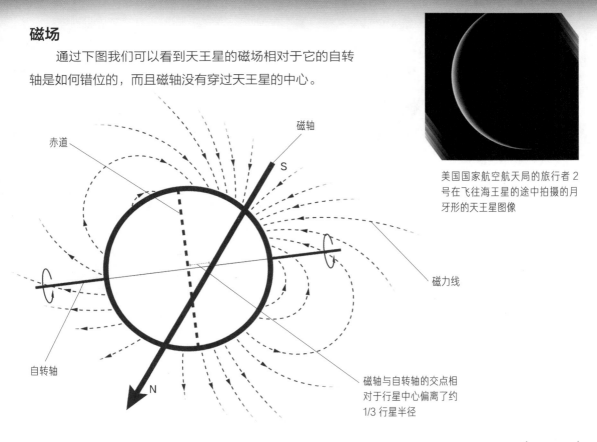

赤道

磁轴

S

磁力线

自转轴

N

磁轴与自转轴的交点相
对于行星中心偏离了约
1/3 行星半径

海王星

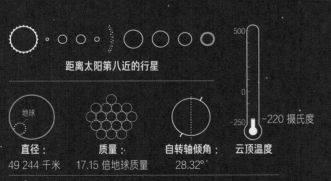

距离太阳第八近的行星

地球

直径：
49 244 千米

质量：
17.15 倍地球质量

自转轴倾角
28.32°

云顶温度
500
0
-250
-220 摄氏度

自转周期：
16 小时 6 分钟

公转周期：164.79 年

到太阳的平均距离
地球
30.1 AU
45.04 亿千米

虽然海王星不是我们太阳系之旅的最终目的地，但它是我们在太阳系中遇到的最后一颗行星。像天王星一样，海王星也是一颗冰巨星，因此它和天王星有很多共同特征。它们由相似的物质组成，大小接近，并且都位于外太阳系的黑暗环境中。作为距离太阳最远的行星，人们可能会认为它是最平静的。然而，旅行者2号已经证实，海王星上的风速令人惊讶。

遥远的海王星是太阳系中唯一一颗不是通过直接观测而是通过推理发现的行星。在赫歇尔发现天王星后，天文学家意识到这颗行星偏离了预测的轨道，因此推断它一定是被另一颗行星大小的天体所牵引，许多人开始努力寻找这个难以捉摸的天体。1846年，法国天文学家于尔班·勒维耶（Urbain Le Verrier）通过计算准确地预测了这颗神秘行星的位置。勒维耶对自己的工作充满信心，认为自己将成为第一个发现这颗新行星的人，他急忙将自己的计算结果提交给柏林天文台进行确认。由于这项预测的准确性，柏林天文台的天文学家在收到他来信的当晚就确定了这颗行星的位置。对勒维耶来说不幸的是，海王星并没有像他希望的那样以他自己的名字命名，天文学界最终选择了古罗马神话中的海神尼普顿（Neptune）为海王星命名。

直到20世纪末，我们仍对海王星知之甚少。与天王星一样，旅行者2号的飞掠以及观测技术的进步，增进了我们对这颗行星的了解。我们现在知道这里的风速是太阳系中最快的，尤其是其赤道地区。时常有巨大的风暴出现在海王星表面，随后逐渐消失。由于海王星距离太阳很远，它所接收到的热量只有地球的千分之一，这些热量不足以驱动海王星的天气系统。其实，海王星的风是由海王星内部的热量驱动的，它内部的热量比天王星要丰富得多。

海王星的体积略小于天王星，但它的质量却更大一些。这可能看起来很奇怪，因为我们知道它们几乎由相同的物质构成。原因是海王星更强的引力压缩了大气中的气体，从而减小了行星的整体体积。这2颗行星的磁轴都与其自转轴有较大的不一致，科学家们认为这可能是所有冰巨星的共同特征。

自海王星被发现以来，已经过去了超过175年，这比我们任何一个人的寿命都长。但由于海王星与太阳之间的距离是日地距离的30多倍，因此它绕太阳公转1周需要将近165年（1个海王星年），也就是说，自人类发现海王星以来，它仅仅过了1个"生日"。

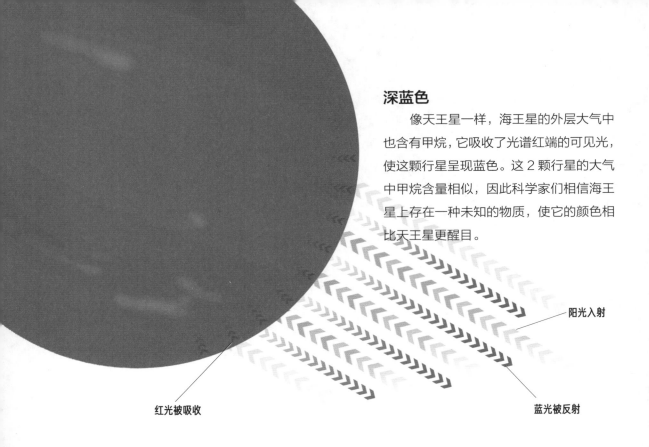

深蓝色

像天王星一样，海王星的外层大气中也含有甲烷，它吸收了光谱红端的可见光，使这颗行星呈现蓝色。这2颗行星的大气中甲烷含量相似，因此科学家们相信海王星上存在一种未知的物质，使它的颜色相比天王星更醒目。

阳光入射

红光被吸收

蓝光被反射

内部热量

海王星辐射出的热量是它从太阳接收到的热量的2.6倍，因此，尽管海王星比天王星远得多，但实际上它的温度还略高于后者。

这张照片由美国国家航空航天局的旅行者2号拍摄，显示了高空云层在低空云层上的投影

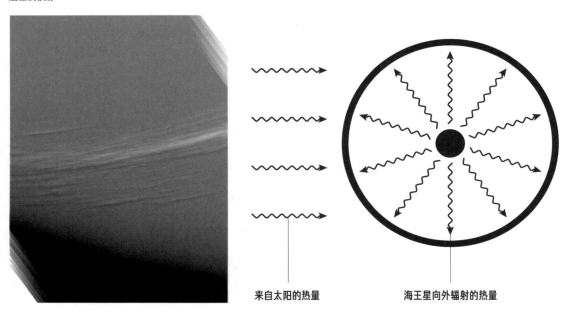

来自太阳的热量

海王星向外辐射的热量

风暴

1989 年，当旅行者 2 号经过海王星时，它目睹了一场大小为 13 000 千米 ×6 600 千米的巨大风暴，这个黑色风暴区类似于木星的大红斑，因此被称为大黑斑。但仅仅 5 年后，当哈勃空间望远镜试图寻找这个风暴时，却发现它已经消失了。大黑斑不像木星上的风暴那样可以持续数百年。

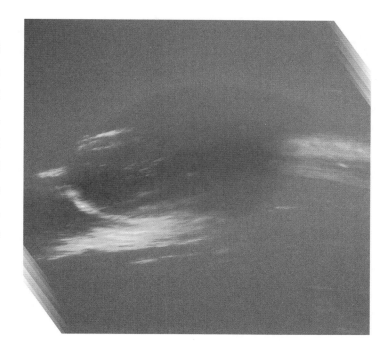

风

海王星是太阳系中风力最大的行星，在这里超声速的风很常见。海王星上风的强烈程度从冻结的白色甲烷云的运动中可见一斑。

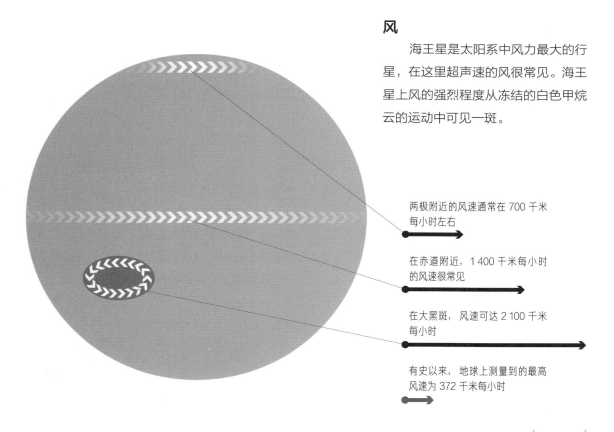

两极附近的风速通常在 700 千米每小时左右

在赤道附近，1 400 千米每小时的风速很常见

在大黑斑，风速可达 2 100 千米每小时

有史以来，地球上测量到的最高风速为 372 千米每小时

柯伊伯带和奥尔特云

在太阳系的最后一颗行星之外，还有数不清的小天体，它们的轨道受太阳的影响。从冰碎片到矮行星，数以亿计的小天体分布在这些遥远的区域，它们是太阳系形成时的残留物。这些运行轨道在海王星轨道之外的天体被命名为海外天体。

我们发现的第一个海外天体区是柯伊伯带，它从海王星轨道延伸到距离太阳系中心大约 75 亿千米（50 AU）的地方。1930 年，一个冰冷的岩质小天体——冥王星首次被发现，最初它被认为是我们太阳系的第九大行星。然而，到了 20 世纪 90 年代，当人们观察到其他与冥王星类似的天体也在几乎同样距离的轨道上运行时，冥王星的分类受到了科学界的质疑。冥王星显然不是其轨道附近唯一有影响力的天体，天文学家感到有必要重新定义什么是行星。虽然冥王星质量够大，在引力作用下近似呈球形，也不是其他行星的卫星，但是它无法清除轨道附近的其他天体。最终，冥王星被降级为矮行星。目前，在柯伊伯带有 3 颗官方认可的矮行星，不过未来可能会有更多的矮行星被发现。除了这些较大的天体，该区域主要由较小的碎片组成。与主要由岩石和金属组成的小行星带不同，柯伊伯带中的物质主要是甲烷冰、氨冰和水冰等冰物质。

柯伊伯带天体通常保持在稳定的接近圆形的轨道上，不过还有另外一组绕太阳运行的天体穿过这一区域，它们与柯伊伯带天体的轨道不太重合，被称为离散盘天体。离散盘天体通常以陡峭的角度绕太阳运行（轨道倾角较大），并且轨道是扁长的椭圆形——这样的运动路径可以使它们与太阳的距离达到柯伊伯带天体与太阳的距离的 2 倍多。离散盘天体被认为起源于离太阳更近的地方，但后来被外行星的引力向外牵引。已知最大的离散盘天体是阋神星，它的大小与冥王星相似，是目前唯一一颗记录在案的离散盘中的矮行星。离散盘天体的椭圆轨道有时会使它们经过离海王星足够近的地方，从而明显受到海王星引力的牵引，如果它们发生偏转而被送向太阳的方向，就可能会成为彗星。现在认为离散盘是短周期彗星的主要起源地。

我们已经见识到了太阳系广阔的范围，但奥尔特云的规模会使我们迄今为止所看到的一切都相形见绌。奥尔特云的外层与太阳的距离超过 1 光年，这里的冰物质只是被太阳引力松散地束缚着。因此，这个区域的天体很容易在附近恒星引力或整个银河系引力的作用下改变轨道，进入内太阳系，成为长周期彗星。虽然我们无法直接观测到奥尔特云，但长周期彗星的轨迹为它的存在提供了有力的证据。

奥尔特云

柯伊伯带

柯伊伯带直径：
100 AU
14 960 000 000 千米

奥尔特云直径：
20 万 AU
3.16 光年

柯伊伯带和离散盘

　　处于柯伊伯带内稳定轨道的天体属于经典带——它们的轨道接近圆形。处于离散盘的天体的轨道偏心率更大，而且往往高度倾斜。

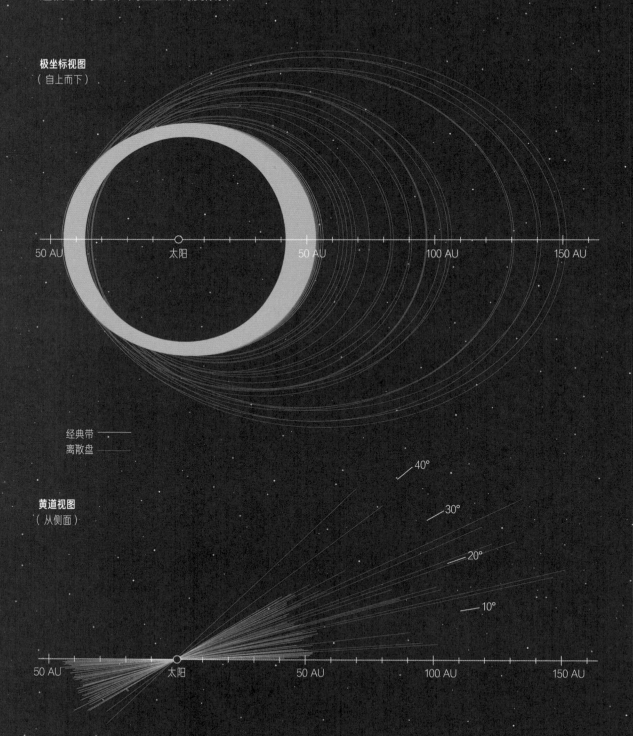

极坐标视图
（自上而下）

50 AU　　　太阳　　　50 AU　　　100 AU　　　150 AU

经典带 ————
离散盘 ————

40°

30°

20°

黄道视图
（从侧面）

10°

50 AU　　　太阳　　　50 AU　　　100 AU　　　150 AU

柯伊伯带中的"大个子们"

冥王星

2 377 千米

冥王星最初被认为是第九大行星，当行星一词在 2006 年被正式定义后，它被降级为矮行星

妊神星

1 595 千米

妊神星自转 1 周只需不到 4 个小时——正是快速自转使它变得如此细长

鸟神星

1 430 千米

冥卫一
（卡戎）

1 212 千米

冥卫一是冥王星卫星中最大的一颗

创神星

1 070 千米

地球（用于对比大小）
直径：12 742 千米

奥尔特云

　　奥尔特云的外部边界是太阳引力影响范围的边缘，也标志着太阳系的边界。奥尔特云分为 2 个区域，圆盘状的内奥尔特云（也称希尔斯云）和球状的外奥尔特云，内奥尔特云在与外奥尔特云外相接的地方变厚。引力扰动会导致奥尔特云中的冰冻小天体向太阳系中心偏转。在太阳引力的作用下，它们会变成长周期彗星，每隔 200 年以上经过太阳 1 次。

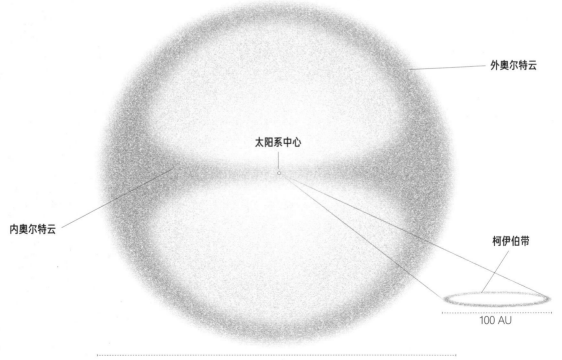

外奥尔特云

太阳系中心

内奥尔特云

柯伊伯带

100 AU

20 万 AU / 3.16 光年

行星际探测任务

第一个对另一颗行星进行探测的航天器是苏联制造的金星 1 号，它在 1961 年飞掠了我们最近的邻居——金星。在 20 世纪，苏联和美国的太空计划占了行星际任务的绝大部分，后来世界其他国家的组织开始更多地参与进来。

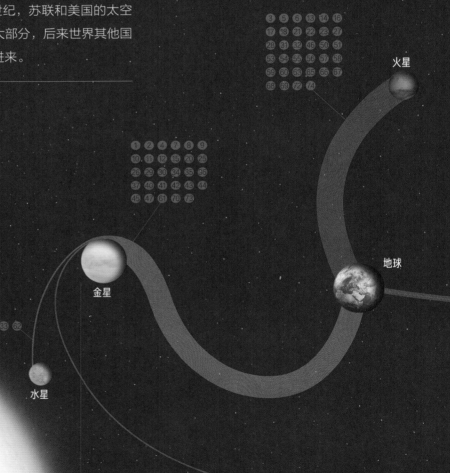

火星

3 5 6 13 14 16
17 18 21 22 23 27
28 31 32 46 50 51
53 54 55 56 57 58
59 60 63 65 66 67
68 69 72 74

1 2 4 7 8 9
10 11 12 15 20 25
26 29 30 34 35 36
37 40 41 42 43 44
45 47 61 70 73

地球

金星

33 62

水星

冥王星

海王星

土星

天王星

木星

这里展示的是所有已经成功或至少部分成功实现预期目标的针对其他行星的探测任务。除了这里显示的任务，还有一些探索太阳系其他天体如小行星、彗星和卫星的任务。

各航天器在下一页列出

航天器	日期	目的地	抵达情况	航天器	日期	目的地	抵达情况
① 金星 1 号	1961-05-19	金星	F	㊴ 旅行者 2 号	1986-01-24	天王星	F
② 水手 2 号	1962-12-14	金星	F	㊴ 旅行者 2 号	1989-08-25	海王星	F
③ 火星 1 号	1963-06-19	火星	F	㊵ 金星 13 号	1982-03-01	金星	AL
④ 探测器 1 号	1964-07-14	金星	F	㊶ 金星 14 号	1982-03-05	金星	AL
⑤ 水手 4 号	1965-07-15	火星	F	㊷ 金星 15 号	1983-10-10	金星	AO
⑥ 探测器 2 号	1965-08-06	火星	F	㊸ 金星 16 号	1983-10-14	金星	AO
⑦ 金星 2 号	1966-02-27	金星	F	㊹ 维加 1 号	1985-06-11	金星	AL
⑧ 金星 3 号	1966-03-01	金星	AI	㊺ 维加 2 号	1985-06-15	金星	AL
⑨ 金星 4 号	1967-10-18	金星	AA	㊻ 福波斯 2 号	1989-01-29	火星	AO
⑩ 水手 5 号	1967-10-19	金星	F	㊼ 麦哲伦号	1990-08-10	金星	AO
⑪ 金星 5 号	1969-05-16	金星	AA	㊽ 伽利略号	1990-02-10	金星	F
⑫ 金星 6 号	1969-05-17	金星	AA	㊽ 伽利略号	1995-12-07	木星	AO
⑬ 水手 6 号	1969-07-31	火星	F	㊾ 尤利西斯号	1992-02-08	木星	F
⑭ 水手 7 号	1969-08-05	火星	F	㊿ 火星探路者	1997-07-04	火星	AL
⑮ 金星 7 号	1970-08-17	金星	AL	51 火星环球勘测者	1997-09-11	火星	AO
⑯ 火星 2 号	1971-11-27	火星	AI	52 卡西尼号	1998-04-26	金星	F
⑰ 水手 9 号	1971-11-14	火星	AO	52 卡西尼号	2000-12-30	木星	F
⑱ 火星 3 号	1971-12-02	火星	AL	52 卡西尼号	2004-07-01	土星	AO
⑲ 先驱者 10 号	1972-03-03	木星	F	53 环火星气候探测器	1999-09-23	火星	AA
⑳ 金星 8 号	1972-03-27	金星	AL	54 火星极地着陆器	1999-12-23	火星	AA
㉑ 火星 5 号	1973-07-25	火星	AO	55 2001 火星奥德赛	2001-10-24	火星	AO
㉒ 火星 6 号	1973-08-05	火星	AI	56 希望号	2003-12-14	火星	F
㉓ 火星 4 号	1974-02-10	火星	F	57 火星快车	2003-12-25	火星	AO
㉔ 先驱者 11 号	1974-12-04	木星	F	58 勇气号	2004-01-04	火星	AL
㉔ 先驱者 11 号	1979-09-01	土星	F	59 机遇号	2004-01-25	火星	AL
㉕ 金星 9 号	1975-10-22	金星	AL	60 火星勘测轨道飞行器	2006-03-10	火星	AO
㉖ 金星 10 号	1975-10-25	金星	AL	61 金星快车	2006-04-11	金星	AO
㉗ 海盗 1 号	1976-07-20	火星	AL	62 信使号	2006-10-24	金星	F
㉘ 海盗 2 号	1976-09-03	火星	AL	62 信使号	2011-03-17	水星	AO
㉙ 金星 12 号	1978-12-19	金星	F	63 罗塞塔号	2007-02-25	火星	F
㉚ 金星 11 号	1978-12-25	金星	F	64 新视野号	2007-02-28	木星	F
㉛ 火星 7 号	1974-03-09	火星	F	64 新视野号	2015-07-14	冥王星	F
㉜ 火星 6 号	1974-03-12	火星	F	65 凤凰号	2008-05-25	火星	AL
㉝ 水手 10 号	1974-02-05	金星	F	66 黎明号	2009-02-17	火星	F
㉝ 水手 10 号	1974-03-29	水星	F	67 火星科学实验室	2012-08-06	火星	AL
㉞ 先驱者 – 金星 1 号	1978-12-04	金星	AO	68 火星大气与挥发物演化探测器（专家号）	2014-09-22	火星	AO
㉟ 先驱者 – 金星 2 号	1978-12-09	金星	AA	69 火星轨道飞行器任务	2014-09-24	火星	AO
㊱ 金星 12 号	1978-12-21	金星	AL	70 拂晓号	2015-12-07	金星	AO
㊲ 金星 11 号	1978-12-25	金星	AL	71 朱诺号	2016-07-04	木星	AO
㊳ 旅行者 1 号	1979-03-05	木星	F	72 火星微量气体任务卫星	2016-10-16	火星	AI
㊳ 旅行者 1 号	1980-11-12	土星	F	73 帕克太阳探测器	2018-10-03	金星	F
㊴ 旅行者 2 号	1979-07-09	木星	F	74 洞察号	2018-11-26	火星	AL
㊴ 旅行者 2 号	1981-08-05	土星	F				

最后一列"抵达情况"表示航天器针对行星执行的操作：

F——飞掠；AL——到达，着陆；AI——到达，撞击；AO——到达，进入轨道；AA——到达，进入大气。

表中显示的日期是航天器到达该行星的日期，如果为飞掠的情况，显示的则是它们最接近目标的日期

金星 1 号

这是人类首个飞掠另一颗行星的航天器。1961 年 5 月 19—20 日，该探测器经过了距离金星大约 10 万千米的地方。由于无线电通信中断，我们没有获取到任何关于金星的数据，但在通信中断之前，我们收集到了太阳风和宇宙线^①的信息

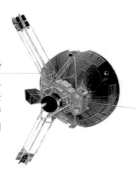

水手 2 号

1962 年 12 月 14 日，水手 2 号在距离金星 3.5 万千米处掠过，当时它的通信系统和大部分仪器都处于正常工作状态。因此，它是人类第一个飞掠另一颗行星并传回行星数据的航天器。它的任务是记录金星大气和表面的温度，并测量行星际磁场和带电粒子。水手 2 号的数据显示，金星云层下的温度非常高

先驱者 11 号

1979 年，先驱者 11 号掠过距离土星 2.1 万千米的地方，成为第一个与土星相遇的人造物体。在完成探索行星际空间、土星大气及其磁场的众多任务后，先驱者 11 号被派去穿越土星环。最初，任务规划者不确定土星环中的粒子是否会对探测器造成损伤，但它在该区域的成功航行表明，未来的航天器也可以安全地穿越该区域

旅行者 2 号

旅行者 2 号不仅访问了木星和土星，还是唯一访问过天王星和海王星的航天器。它在旅途中还发现了几颗卫星，拍摄了大量外太阳系行星及其卫星的清晰图像，并在天王星和海王星周围发现了以前不为人知的光环

卡西尼－惠更斯号

卡西尼－惠更斯号土星探测器由 2 个模块组成——卡西尼号主探测器和惠更斯号子探测器。惠更斯号在土星最大的卫星土卫六上着陆，这标志着人类第一次在外太阳系着陆，也是第一次在月球以外的卫星上着陆。卡西尼号围绕土星运行了 13 年，在土星和土星环之间进行了多次冒险的穿越，最终在任务结束时坠入这颗气态巨行星

新视野号

新视野号的主要任务是探测冥王星。在穿越小行星带的途中，这艘航天器拍摄了小行星 132524 APL 的图像。随后它绕过木星，利用木星的引力弹弓效应将自己推向冥王星。它在距离冥王星表面 1.25 万千米处掠过，成为第一个访问过这个遥远世界的航天器。然后，新视野号继续前往柯伊伯带，在那里它传回了另一个海外天体的图像。这是一个直径约 36 千米、雪人形状的冰质小天体，名叫阿罗科思（Arrokoth）^②

---

① 即宇宙射线，泛指来自宇宙空间的各种高能微观粒子。
② 它还有个诗意的中文名字——"天涯海角"。2020 年，由中国科学家主导的一个国际科研团队研究后认为，它奇特的外形可能是诞生后 100 万 ~1 亿年间受到太阳辐射后大量甲烷、一氧化碳和氮气等活动性气体挥发所致。

行星的结构

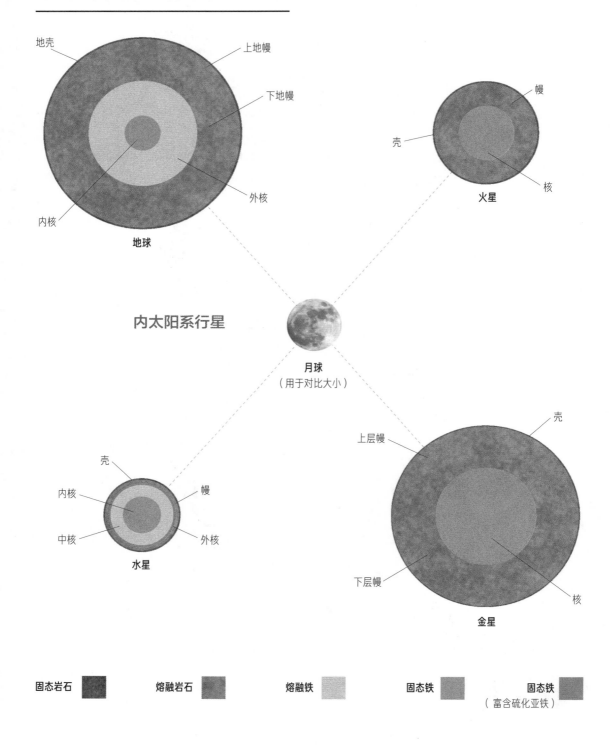

地壳

上地幔

下地幔

外核

内核

地球

内太阳系行星

幔

壳

核

火星

月球
（用于对比大小）

壳

内核

幔

中核

外核

水星

上层幔

壳

下层幔

核

金星

固态岩石	熔融岩石	熔融铁	固态铁	固态铁
				（富含硫化亚铁）

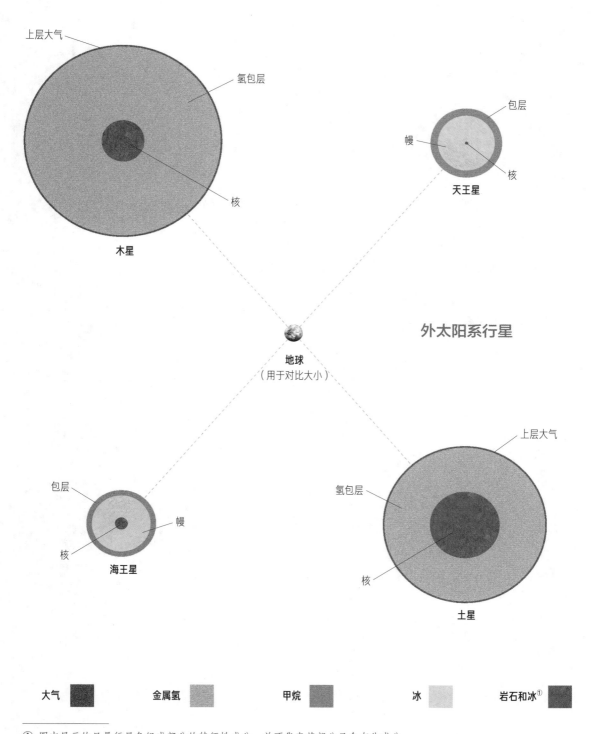

上层大气

氢包层

核

木星

包层

幔

核

天王星

外太阳系行星

地球
（用于对比大小）

包层

幔

核

海王星

上层大气

氢包层

核

土星

大气	金属氢	甲烷	冰	岩石和冰①

① 图中显示的只是行星各组成部分的特征性成分，并不代表某部分只含有此成分。

行星轨道大小对比

内太阳系行星

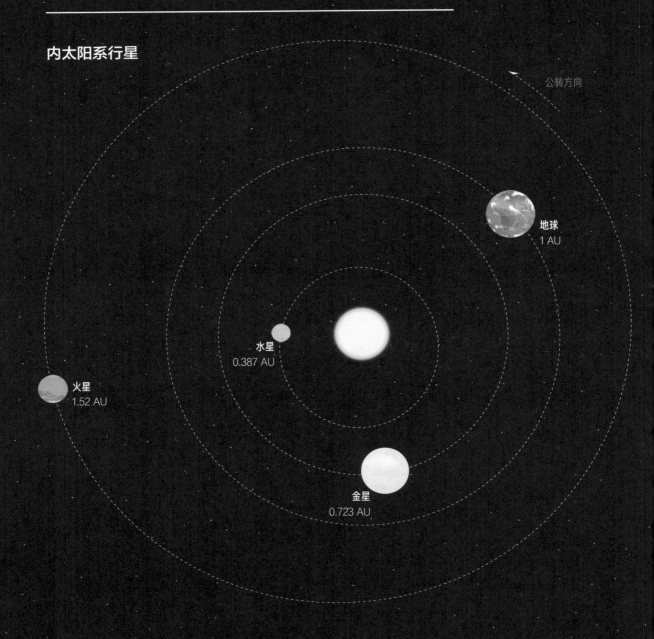

公转方向

地球
1 AU

水星
0.387 AU

火星
1.52 AU

金星
0.723 AU

太阳和行星之间的遥远距离很难严格比例展示，所以有时用日常物体来描述它们会更容易一些。如果我们把太阳想象成一个篮球那么大，那么离太阳最近的行星——水星就是 11 米外的一粒糖。在这个尺度上，金星和地球比豌豆还小一点，分别距离太阳大约 20 米和 29 米，而在距离太阳约 43 米远的地方，我们发现了针头大小的火星。

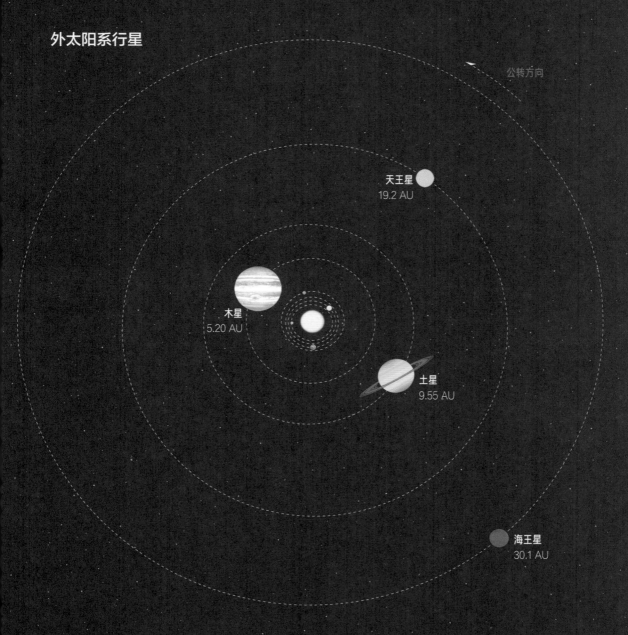

外太阳系行星

天王星
19.2 AU

公转方向

木星
5.20 AU

土星
9.55 AU

海王星
30.1 AU

      使用与刚才相同的尺度，木星是距离太阳（篮球）149 米的乒乓球，而土星是一个比这个乒乓球稍微小一点的球，距离太阳 271 米。天王星和海王星像 2 颗小葡萄，分别在 550 米和 850 米处。在海王星之外，柯伊伯带位于距离太阳 1.3 千米的地方，被移出行星行列的冥王星仅仅是其中的一粒沙子。

行星轨道倾角对比

地球绕太阳公转时形成的圆盘平面被称为黄道面，其他行星的轨道倾角就是以黄道面为基准来测量的。水星的轨道倾角是太阳系行星中最大的，但也只有 7.01°。

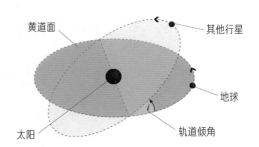

黄道面
其他行星
地球
太阳
轨道倾角

水星
7.01°

金星
3.39°

火星
1.85°

木星
1.31°

地球
0°

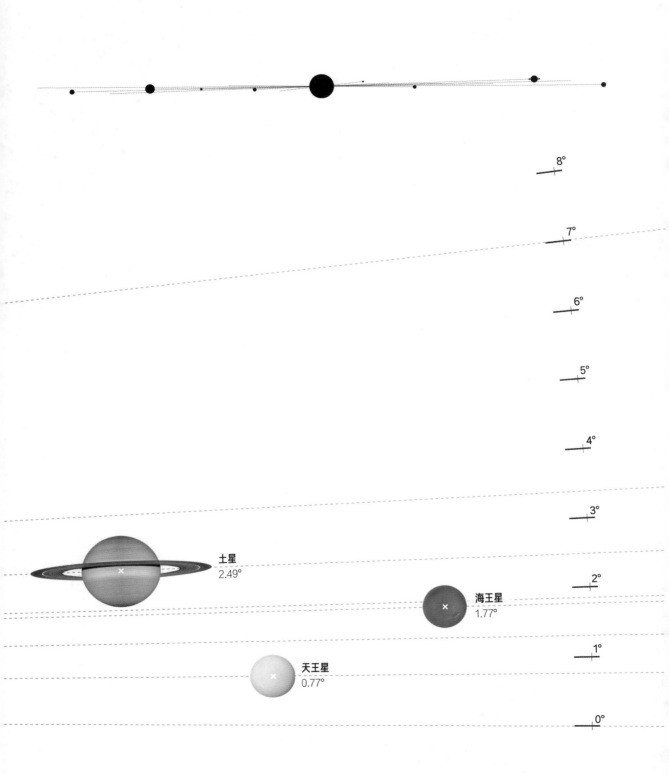

8°

7°

6°

5°

4°

3°

2°

土星
2.49°

海王星
1.77°

1°

天王星
0.77°

0°

太阳

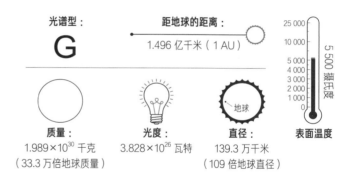

光谱型：

G

距地球的距离：

1.496 亿千米（1 AU）

25 000
10 000
5 000
4 000
2 000
1 000
0

5 500 摄氏度

质量：

1.989×10^{30} 千克

（33.3 万倍地球质量）

光度：

3.828×10^{26} 瓦特

直径：

139.3 万千米

（109 倍地球直径）

地球

表面温度

到目前为止，我们所看到的一切事物的中心都是太阳。太阳是太阳系中所有物体的统治者，它为我们提供光和热。从疾驰在内太阳系的岩质行星，到在外太阳系缓慢移动的气态巨行星，再到柯伊伯带中遥远的冰冻小天体——这一切都被太阳的力量固定在了轨道上。

尽管太阳的质量足以主宰太阳系中所有天体的轨道，但它的大小在恒星家族中相当普通。虽然确实有比太阳大几千倍的恒星，但也有很多恒星在太阳面前相形见绌，所以我们的太阳在大小方面并不特殊。话虽如此，但与环绕它的行星相比，太阳可称得上是一个庞然大物。从它的体积来看，它可以容纳 130 万个地球！就质量而言，它相当于太阳系所有行星质量总和的大约 750 倍——巨大的质量在 2 个方面发挥着至关重要的作用：一方面，如果太阳没有如此巨大的质量，那就没有足够的引力使行星保持在轨道上；另一方面，太阳巨大的质量在其核心产生了足够的压力，从而使核聚变得以发生。正是由于核聚变过程使太阳发光，我们才得以沐浴在光和热中，这个过程也使带电粒子散射到整个太阳系。

早在史前时代，太阳的力量就已经得到了认可，世界各地的许多古文明都把它当作神来崇拜。即使缺乏科学认知，古人也很清楚太阳对我们的生存至关重要。太阳为我们提供了温暖和光明，如果没有太阳，我们就会处于寒冷和黑暗之中。因此，这些古文明建造了纪念碑、金字塔和土丘，不仅用来赞美太阳，还用来标记阳历中的事件，例如二至日（夏至和冬至）。直到今天，这些文明的遗迹仍散布在各大洲，提醒我们无论是过去还是现在，太阳在人类生活中一直举足轻重。

在恒星分类方面，太阳是一颗黄矮星——这是一个有些误导性的术语。事实上，大多数黄矮星发出的是白光，只有质量最小的那些黄矮星才发出黄光。对地球上的我们来说，太阳呈现出一系列颜色，从白色和黄色到橙色和红色，但这是地球大气和太阳在天空中的高度造成的。当我们从太空看太阳时，没有大气干扰，此时的太阳看起来几乎是白色的。

黄矮星约占恒星总数的 10%，因此在银河系（至少包含 1 000 亿颗恒星）中，我们预计可以找到超过 100 亿颗像太阳一样的恒星。这类恒星从在核心处开始氢聚变到燃料耗尽，寿命大约为 100 亿年。我们的太阳在约 46 亿年前从一团坍缩的分子云中诞生，因此它的寿命还剩大约一半。当它的生命走到尽头时，它将经历一段膨胀期，成为一颗红巨星。它的直径将至少增大到目前的 200 倍，沿途吞噬水星和金星。虽然地球可能会幸免于难，但是由于太阳的高温炙烤，那时的地球将不适合居住。

太阳是如何发光的?

太阳因其核心发生的核聚变而放出光和热,我们将在后面更深入地介绍这种反应(第 112 页)。目前需要说明的是,核聚变是将 2 个(或多个)较轻原子核结合成 1 个较重的新原子核并释放能量的过程。首先,我们来看看太阳核心的情况——这里的物质因温度过高而无法形成原子。

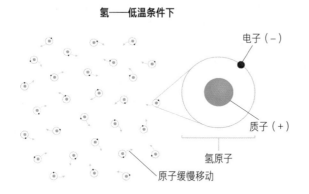

氢——低温条件下

电子(–)

质子(+)

氢原子

原子缓慢移动

氢原子的原子核由 1 个质子组成,在"正常"温度下,质子会与电子结合,形成整体不带电荷的氢原子。像这样的原子可以表现为我们常见的 3 种物态中的任何一种,具体取决于它们所处的温度和压力

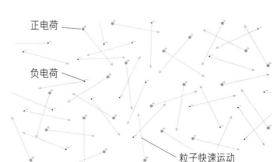

氢——极端高温条件下

正电荷

负电荷

粒子快速运动

极端高温导致粒子快速运动,它们之间的碰撞变得频繁而剧烈。由于电子从原子中脱离,氢将不再以原子的形式存在。处于这种状态的物质被称为等离子体——由大量带正电的原子核和带负电的自由电子组成

按质量计算的话,太阳的近四分之三是氢元素,这是太阳核聚变的燃料。核聚变的发生需要极高的温度和压力,所以它们通常发生在条件合适的恒星核心。在这里,氢原子核有时会以非常高的速度碰撞在一起,以至于它们互相"融合",形成氦元素。氢聚变成氦的过程将大约 0.7% 的质量转化为巨大的能量并释放出去,这些能量就是我们通常感受到的光和热。

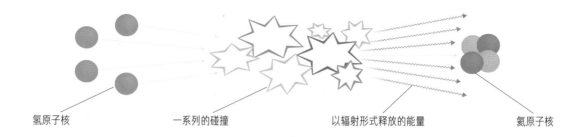

氢原子核

一系列的碰撞

以辐射形式释放的能量

氦原子核

核聚变产生的能量以光子(基本粒子的一种,是辐射能的最小单位)作为载体,通过辐射的形式散发出去,而太阳核心处核聚变的产物——氦将停留在它被创造出来的地方,因为这里不存在对流。持续的核聚变会在太阳核心的中心处形成一个由氦组成的内核,并且内核随时间逐渐变大。从太阳核心产生的光子首先经过辐射层,然后到达压力和密度都较低的对流层,此处对流将成为把光子带到对流层上部的主要方式。最后,光子通过光球层逃逸到太空中,这才得以给太阳系带去光和热。

太阳的分层

核心

这里的压力是地球表面大气压的大约 3 000 亿倍。每秒钟大约有 6 亿吨氢被聚变成氦，约 400 万吨物质被转化为能量。

辐射层

虽然这里的密度低于核心，但物质仍过于密集，无法形成对流。能量在这里只能通过辐射传递。

对流层

热等离子体（能够导电的气体）在对流中膨胀并上升。能量在这个区域的传递速度比在辐射层要快得多。

光球层

太阳大气通常被分成 4 个部分：光球层、色球层、过渡区和日冕。光球层是太阳的表面，也是太阳大气的最内层，它是一个气态层，没有固体边界。我们看到的光就来自这一层，它大约有 500 千米厚。

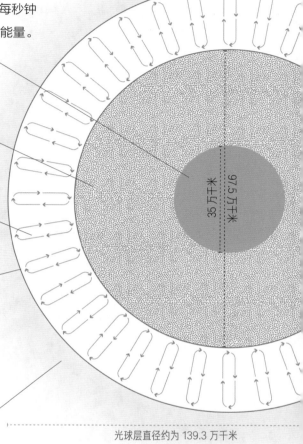

35 万千米

97.5 万千米

光球层直径约为 139.3 万千米

色球层、过渡区和日冕

色球层在光球层上方，大概有 2 000 千米厚，在这一区域，温度随着高度的升高而逐渐上升。色球层之上是厚度仅为 200 千米的薄片状过渡区，但其温度从色球层顶部的约 2 万摄氏度迅速上升到接近 100 万摄氏度。接下来我们来到了向太空延伸约 800 万千米的日冕，这里的平均温度为 100 万 ~ 200 万摄氏度，最热的区域接近 2 000 万摄氏度。目前还不完全清楚为什么大气靠外的 3 个区域比它们下面的光球层更热，但看起来太阳强大的磁场至少在一定程度上增加了它们的热能。日冕因高温而向外膨胀，将等离子体不断抛射到行星际空间，这就是太阳风的由来。太阳风携带着太阳磁场向外膨胀，形成了一个像气泡的区域，称为日球层。

平时我们在地面上必须借助日冕仪才能看到日冕，但在日全食期间，月球与太阳完美对齐的短暂时刻，可以用肉眼看到日冕

太阳输出的能量

太阳在 1 秒钟内产生的能量足够人类使用 50 万年以上（不同估算有差异）。

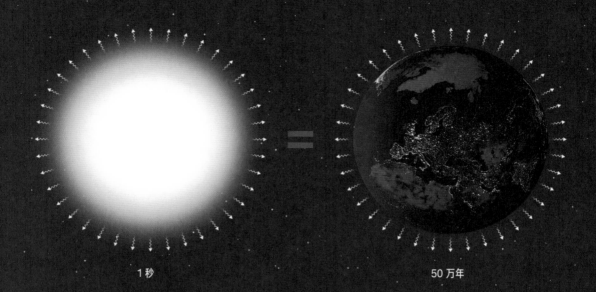

1 秒

=

50 万年

去往地球的旅程

太阳核心释放的光子估计需要 17 万年才能穿过辐射层。由于太阳核心附近的物质非常致密，光子在这种环境中将不断与粒子碰撞，被反复地吸收和发射，沿着一条蜿蜒曲折的路线前进，直到它们进入对流层。

辐射层

核心

从核心到对流层的 30 多万千米的路程，光子需要 17 万年才能走完

对流层

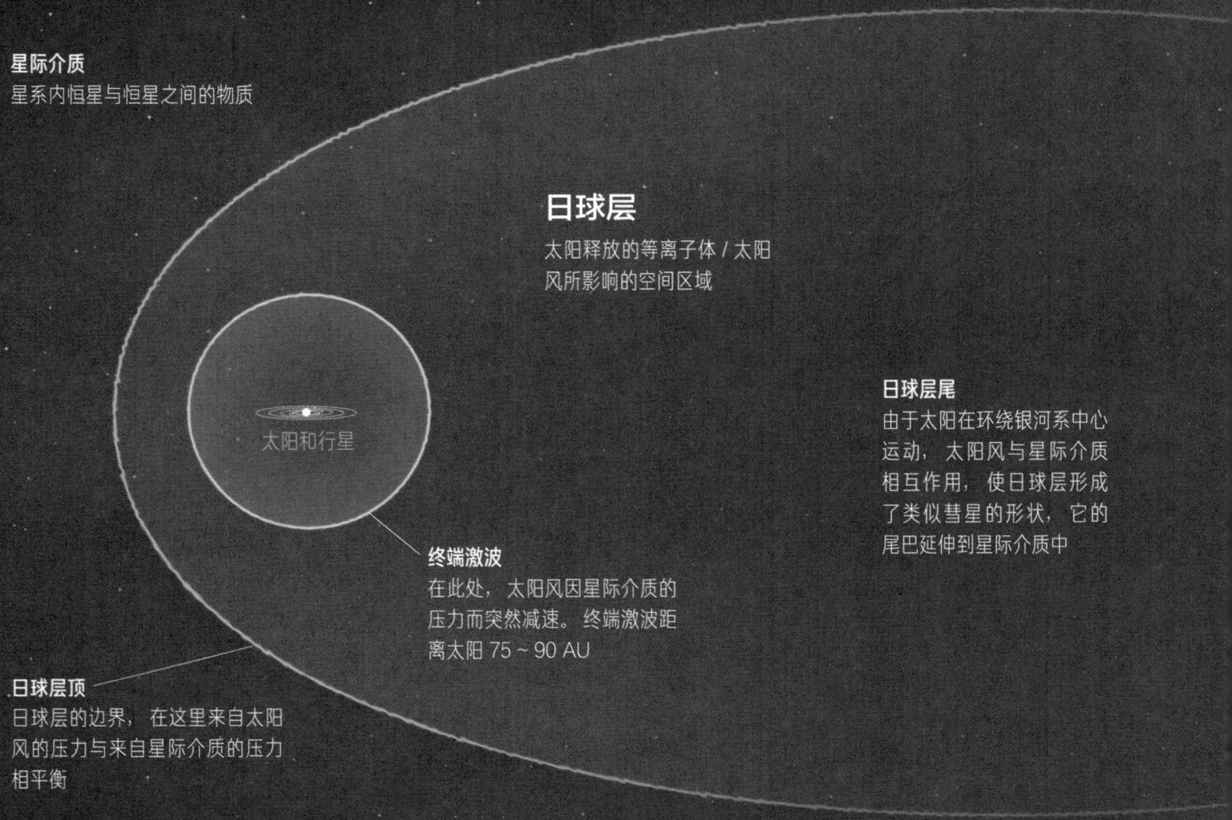

星际介质
星系内恒星与恒星之间的物质

日球层

太阳释放的等离子体／太阳风所影响的空间区域

太阳和行星

日球层尾
由于太阳在环绕银河系中心运动，太阳风与星际介质相互作用，使日球层形成了类似彗星的形状，它的尾巴延伸到星际介质中

终端激波
在此处，太阳风因星际介质的压力而突然减速。终端激波距离太阳 75 ~ 90 AU

日球层顶
日球层的边界，在这里来自太阳风的压力与来自星际介质的压力相平衡

太阳的影响范围

太阳系和星际空间的界线并没有精确的定义，因为太阳通过 2 种方式影响它周围的空间：辐射和引力。日球层是环绕太阳的气泡，在气泡边界外太阳风再也推不动星际介质，这一边界被认为是太阳系的外层边界。天体自身引力则在其周围形成了一个叫作希尔球的区域，超出这个区域的其他天体将不会被捕获到绕该天体的轨道中。太阳的希尔球范围很大（包含奥尔特云），向外延伸的距离比日球层远出大约 1 000 倍。

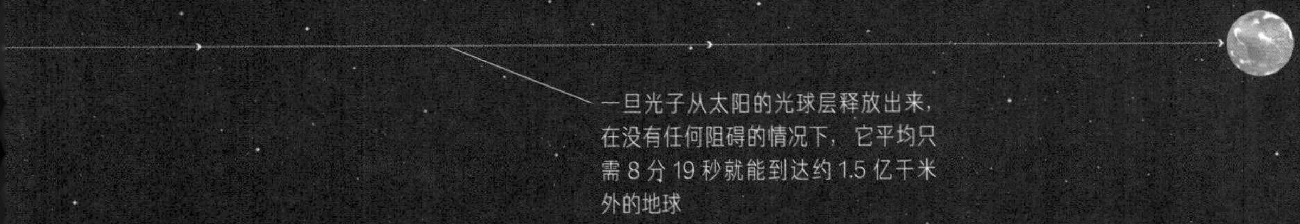

一旦光子从太阳的光球层释放出来，在没有任何阻碍的情况下，它平均只需 8 分 19 秒就能到达约 1.5 亿千米外的地球

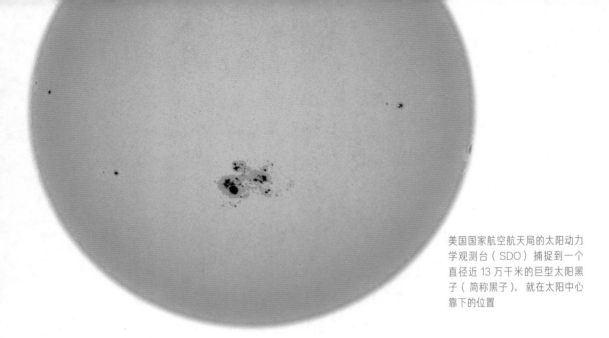

美国国家航空航天局的太阳动力学观测台（SDO）捕捉到一个直径近13万千米的巨型太阳黑子（简称黑子），就在太阳中心靠下的位置

太阳黑子

太阳的表面经常形成一些大小不一的黑斑。最初，这些黑斑被认为是太阳大气中的风暴，但我们现在知道它们是太阳表面温度较低的区域。

由于太阳内部极高的温度和压力剥夺了原子的电子，氢和氦不再表现为典型的气体，而是等离子体。等离子体是由带正电荷的原子核和带负电荷的电子组成的均匀的"离子浆"，整体近似呈电中性。太阳内部等离子体的电流不断变化，因此它们产生的磁场或增强或减弱，并且一直在移动，磁场之间也存在着相互作用。某些磁场足够强的区域将会干扰太阳内部的对流。如果热等离子体被干扰而无法上升，太阳表面就会形成比周围温度更低的黑斑，也就是太阳黑子。太阳黑子可以持续几天到几个月，多数是成群出现。

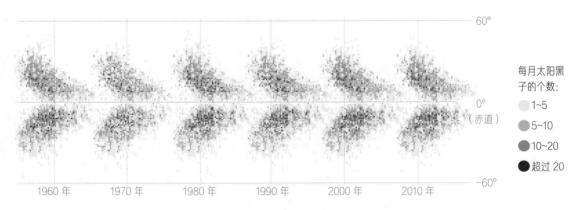

每月太阳黑子的个数:
- 1~5
- 5~10
- 10~20
- 超过20

太阳活动周期

太阳活动随着时间的推移而呈现周期性变化，在高峰期之后便会进入低谷期。太阳黑子和黑子群的多寡可以代表太阳活动的平均水平。如上图所示，通过将不同年份太阳黑子在不同纬度出现的情况进行对比，我们可以看出太阳活动的周期大约是11年。由于所绘制的点形成的形状类似蝴蝶，因此这种图通常被称为蝴蝶图。

这里看到的太阳耀斑（简称耀斑）也是由太阳动力学观测台拍摄的。耀斑是太阳表面突发的闪光现象，在它的侧面可以看到太阳物质喷射到太空

太阳耀斑

太阳表面会在没有任何征兆的情况下突然发生剧烈爆炸，并向太空释放出大量辐射，这种太阳活动称为太阳耀斑。这些事件非常猛烈，它们发出的高能 X 射线和紫外线可以干扰地球上的雷达和无线电通信。这些能量爆发事件通常发生在太阳活动高峰期的太阳黑子附近，与太阳的磁场有关。

太阳耀斑是太阳表面附近扭曲的磁力线达到临界点时产生的。超过这个临界点，太阳耀斑就会爆发，向各个方向释放出大量辐射。在释放过程中，"断裂"的磁力线以一种更合适的方式重新"连接"起来，准备再次扭曲并重复这一过程。最大的一些太阳耀斑通常伴随着日冕物质抛射，太阳从日冕中喷射出大量的超高温等离子体，形成一个巨大的气泡，其携带着大约 100 亿吨的太阳物质。与太阳耀斑不同的是，抛射出的日冕物质并非向各个方向传播，而是指向某个方向。

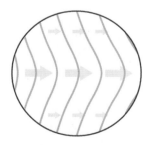

太阳赤道处的自转速度更快，磁力线发生扭曲

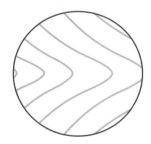

随着时间的推移，磁力线变得更加扭曲

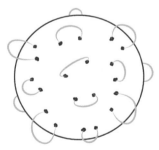

当磁力线足够扭曲时，它们就会在太阳表面爆发，在磁力线末端形成太阳黑子

磁力线

与固态行星不同的是，太阳所有区域的自转速度都不一样——赤道的自转速度比两极快 20%。这将会导致磁力线变形和纠缠，就像橡皮筋一样储存能量。最终，磁力线"断裂"的时候会释放出磁能，并重新调整到原始状态。

太阳系天体大小对比

水星
4 879 千米

金星
12 104 千米

地球
12 742 千米

月球
3 476 千米

火星
6 779 千米

天王星
50 724 千米

太阳
1 392 700 千米

冥王星
2 376 千米

木星
139 822 千米

土星
116 464 千米

海王星
49 244 千米

图中显示的数字是天体的直径

飞出太阳系

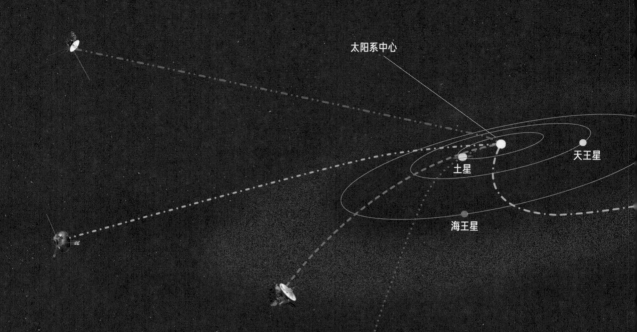

太阳系中心

天王星

土星

海王星

目前有一些航天器正在离开太阳系，向星际空间进发。虽然这些航天器可能还没有完全脱离太阳引力的影响范围，但它们的速度和方向确保了它们不会被困在太阳系。这些小探测器的工作寿命不是无限长的，但在其系统关闭后，它们仍可能在星际空间深处流浪数百万年，甚至数十亿年。

先驱者 10 号 - - - - - - - -
第一个穿越小行星带并飞越海王星轨道的航天器。2003 年，该探测器在距离太阳 80 AU 的地方失去了与地球的联系

先驱者 11 号 - - - - - - - -
第一个近距离探测土星的航天器。由于能源耗尽，它于 1995 年停止传递数据

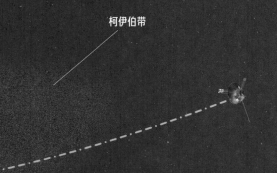

柯伊伯带

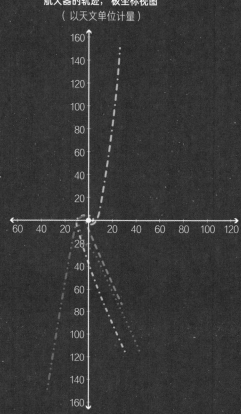

航天器的轨迹，极坐标视图
（以天文单位计量）

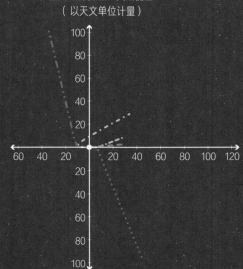

航天器的轨迹，黄道视图
（以天文单位计量）

旅行者 1 号 ━━━━━━━━
飞掠了木星、土星和土星的卫星土卫六，
是第一个穿越日球层顶、进入星际空间
的航天器

旅行者 2 号 ┄┄┄┄┄┄┄┄
飞掠了木星、土星、天王星和海王星，
是唯一造访过天王星和海王星的航天器

新视野号 ━ ━ ━ ━ ━ ━
近距离飞掠了一颗小行星，并在飞往冥
王星的途中飞掠了木星，成为首个探测
矮行星的航天器

"测量一切可测之物，并把不可测的变为可测的。"

——伽利略（1564—1642）

恒星

其他的"太阳"

在探索了太阳系内的所有物体（太阳、行星、卫星和其他天体）之后，是时候继续前进，去寻找其他的"太阳"（恒星）了。

夜空中的点点繁星在我们看来似乎很平静，在黑天鹅绒般的背景中轻轻地闪烁。然而事实上它们并不平静，它们中的每一颗都像我们的太阳一样，是由围绕着致密核心的热等离子体构成的巨型球体，球体内部的核聚变释放出难以想象的能量。氢元素正是通过核聚变才转化为更重的元素，如果没有这些更重的元素，将不会有岩质行星和小行星，当然也不会存在生命。构成我们的物质曾经是在恒星内部创造出来的——我们每个人实际上都是由星尘构成的。

不同恒星的性质千差万别。从平静燃烧上万亿年才慢慢熄灭的低温小型恒星，到疯狂消耗燃料的高温巨型恒星。其中质量较大的恒星将在极其剧烈的爆炸中结束生命，将它们创造的元素向宇宙中播撒，同时留下一些宇宙中最奇特的天体：中子星和黑洞。

在我们详细介绍恒星的特性和它们的生命周期之前，我们先来看看天文学家是如何了解它们的。毕竟，最近的恒星（除了太阳）与我们的距离也超过了 4 光年。我们对如此遥远的天体了解得这么多，听起来似乎有些难以置信。然而，目前发展起来的各种技术，加上天文学家所做的大量观测，确实已经让我们对恒星的特性和它们内部的运行机制有了深入的认识。

光谱分析

（Friedrich Bessel）通过测量视差，成为第一个测量除太阳外恒星距离的人，这是一次重要的飞跃。贝塞尔仅仅通过一架望远镜加上精确的测量和数学计算，就帮助我们感知了远处的空间和其中恒星的尺度。

1859年，一项科学突破彻底改变了我们对恒星本质的理解。德国物理学家古斯塔夫·基尔霍夫（Gustav Kirchhoff）率先使用光谱学技术来确定太阳中存在哪些元素。他发现，当把一束光分解时（比如用页面左侧的棱镜），所产生的光谱中会有表明光遇到了什么元素的标记。这项技术揭示了恒星的真正组成成分以及恒星中不同元素的丰度，不仅如此，我们还可以通过该技术精确测量恒星的温度，据此可以确定它的质量。此外，光谱学技术还可以帮助确定恒星是在远离我们还是在接近我们，以及它们具体的移动速度。通过分析恒星发出的光，我们知道了比仅盯着（即使是用最好的望远镜）这些恒星所能获得的多得多的信息。

在望远镜发明之前，人们对天空的观测仅限于肉眼可见的东西。我们的祖先所能做的只是观察天体在天空中的位置并对它们的运动进行预测，所以他们对恒星的真正性质知之甚少。17世纪初，望远镜的发明使天文学家能够比以前看得更远、更清楚。除了在太阳系内有了重大发现，例如发现了新卫星、土星环和距离太阳最远的2颗行星，望远镜还使人们看到了大量以前肉眼看不到的恒星。没过多久，当时的天文学家就对数千颗恒星进行了编目。到了19世纪中期，德国天文学家弗里德里希·贝塞尔

光和辐射

在介绍如何利用光谱学技术分析恒星特征之前，我们先来回顾一下光的一些性质。

当提到恒星发出的能量时，我们更多地使用辐射这个词，而不是光。因为光一般用来指我们能用肉眼看到的东西，而辐射还覆盖了所有我们无法直接看到的东西。那么，什么是辐射呢？辐射分为不同的类型，但它们都以波或粒子的形式传播能量。α射线和β射线这2种辐射分别是α粒子（氦-4原子核）和β粒子（高能电子或正电子）高速运动形成的，但由于它们具有质量，因此很容易被其他物质阻挡。而电磁辐射由没有质量的光子组成，以光速传播。这些光子在传播时像波一样振荡前进，波长决定了辐射的性质。例如，在某些波段，我们肉眼看到的光子呈现为各种颜色的可见光，但在稍长或稍短的波长下，我们就无法看见它们。波长最短的电磁辐射被称为γ射线，它可以穿透像铅这样的致密物质。

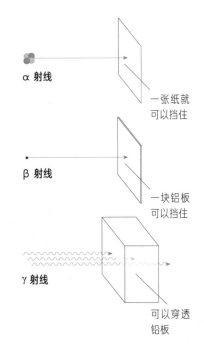

一张纸就可以挡住

一块铝板可以挡住

可以穿透铅板

短波电磁辐射　　　　　　　　**长波电磁辐射**

电磁波谱

把电磁辐射按照波长（或频率）顺序排列而成的图表被称为电磁波谱，如下图所示。值得注意的是，人眼能看到的电磁波谱的范围（可见光部分）非常窄，因此我们看到的仅仅是事件的一小部分。尽管如此，这些鲜艳的颜色已然使我们的日常生活非常多彩。

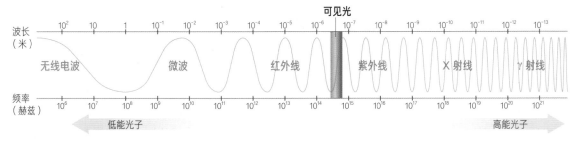

电磁辐射既可以用波长来描述，也可以用频率和光子能量来描述。光子能量是每个光子所携带的能量，高能光子对应于波长较短的电磁辐射。频率可以理解为1秒钟内通过某一定点的完整波形的个数。由于所有电磁辐射都以光速传播，因此波长越长，1秒钟内通过的完整波形的个数就越少。

光谱学

当白光穿过棱镜时，可以看到它被分解成了不同的色带，这是折射的结果。折射指的是波从一种介质进入另一种介质时传播方向会发生变化。根据波长的不同，光的传播方向会发生不同程度的改变，导致各种颜色的光以不同的角度偏折。从中我们可以知道，我们所看到的白光其实是由彩虹的所有颜色的光混合而成的。

红光的波长较长，因此折射程度较小

棱镜

白光

蓝光的波长较短，因此折射程度较大

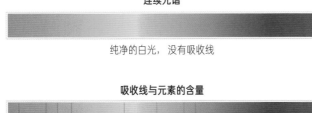

连续光谱

纯净的白光，没有吸收线

吸收线与元素的含量

当某种元素含量较低时，它产生的吸收线就会较浅

当某种元素含量较高时，它产生的吸收线就会较深

吸收线与大气温度

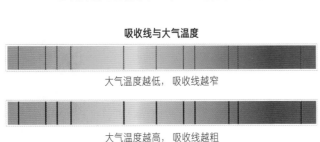

大气温度越低，吸收线越窄

大气温度越高，吸收线越粗

根据上述原理，天文学家使用同样的方法分析恒星发出的辐射——将其发出的光分解成各个组成部分。当天文学家这样做时，他们并没有得到连续光谱，而是在光谱中发现了竖直的黑线——吸收线。这些吸收线表明某些波长的光子被恒星的大气吸收了，通过观察吸收线所处的位置，我们可以知道恒星大气中存在什么元素。此外，还可以通过分析吸收线的特征来判断该元素的含量，更深的吸收线表示该元素的含量更高。天文学家还能够根据光谱信息确定恒星光球层（恒星大气底层部分）的温度，这由吸收线的粗细来表示，线条越粗代表大气越热。光谱学技术除了用于恒星分类，对我们理解宇宙的整体构成也至关重要。

光度

　　恒星的光度指的是它的实际亮度（绝对亮度），而不是从地球上观测到的亮度（视亮度），视亮度同时受光度和距离的影响。一颗恒星在地球上看起来非常亮可能并不是因为它的光度有多高，而只是因为它离我们相对较近。在日常生活中，我们用瓦特来衡量灯泡的亮度，在天文学中，恒星的光度是以太阳的光度为标准来衡量的。一旦确定了恒星与我们的距离，利用它的视亮度就可以计算出它的光度，三者之间存在固定的关系。

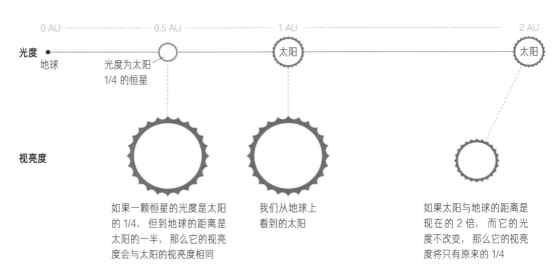

如果一颗恒星的光度是太阳的 1/4，但到地球的距离是太阳的一半，那么它的视亮度会与太阳的视亮度相同

我们从地球上看到的太阳

如果太阳与地球的距离是现在的 2 倍，而它的光度不改变，那么它的视亮度将只有原来的 1/4

恒星的颜色

　　恒星会发出各种颜色的光，从毕宿五（金牛座中最亮的恒星）的红光到织女星的蓝白光。恒星发出的光的颜色代表了其光球层的温度——恒星越红则温度越低，看起来越暗。例如，如果 2 颗恒星大小相同，但一颗是红色的，另一颗是蓝色的，那么蓝色的恒星会更亮。异常炽热的恒星释放出的大部分辐射都是紫外线——虽然我们的眼睛看不见，但它确实有助于使恒星更加明亮。

蓝色	蓝白色
≥ 30 000 K[1]	10 000 ~ 30 000 K

① 这里的单位开尔文（K）是热力学温度单位，开尔文温度等于摄氏温度加 273.15。

白色	黄白色	黄色	淡橙色	橙红色
7 500 ~ 10 000 K	6 000 ~ 7 500 K	5 200 ~ 6 000 K	3 700 ~ 5 200 K	2 400 ~ 3 700 K

红移 / 蓝移

由于光 / 电磁辐射具有波的性质，所以当发光物体运动时，人们会感知到发光物体的颜色产生了变化。

一个向你移动的物体会压缩它前面的波，使波长变短。在可见光中，较短的波长偏向光谱中蓝色的一端，因此物体的波长越短，看起来就越蓝——这就是所谓的蓝移。红移则完全相反，一个正在远离你的物体的波长会变长，因而物体看起来会更红。这种现象被称为多普勒效应。

在地球上，你不太可能注意到物体在靠近或远离你时的颜色改变，因为这种效应只有在相对速度超过 5 200 千米每秒时才变得明显，这比最快的空间探测器还快几十倍。不过，你肯定经历过类似的声现象，因为声音与光都是以波的形式传播的。例如：当快速行驶的警车驶向你时，警笛声的声波被压缩，从而产生更高的声调；当警车远离你时，声调随着波长变长而降低。

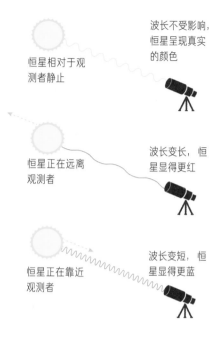

恒星相对于观测者静止

波长不受影响，恒星呈现真实的颜色

恒星正在远离观测者

波长变长，恒星显得更红

恒星正在靠近观测者

波长变短，恒星显得更蓝

听到低声调　　声波伸展开来　　车辆行驶方向　　声波被压缩　　听到高声调

宇宙尘埃

太空并不是完全的真空，其中散布着由各种物质组成的微小尘埃。有人可能会问，如果太空中到处都是微小的颗粒，我们怎么能观察到宇宙中那么远的地方，光是怎么穿过的？这是因为这些颗粒非常小，直径约为百万分之一米，与香烟烟雾中的颗粒大小相似。在这种尺寸下，它们不会阻挡光线，但会吸收并散射一些光线，这意味着宇宙空间不是完全透明的。宇宙尘埃倾向于吸收光谱中蓝色一端的光，这意味着天体离我们越远，它就会显得越红。所以，下次有人说"像夜空一样黑"的时候，你可以告诉他们：夜空实际上是微红的。

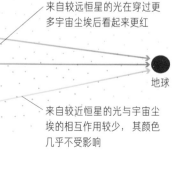

来自较远恒星的光在穿过更多宇宙尘埃后看起来更红

地球

来自较近恒星的光与宇宙尘埃的相互作用较少，其颜色几乎不受影响

测量恒星的大小

与恒星之间的距离

对于地球上的一个普通观察者来说，恒星看起来只不过是黑夜中的小光点。它们距离我们有多远谁也说不准：1 光年，10 光年，还是上百光年？通过计算地球与恒星的距离，我们可以建立一个宇宙的三维模型，从而确认我们在宇宙中的位置。

天文学家可以通过视差法计算到恒星的距离，视差指的是观测者从 2 个不同位置观察同一物体时方向的差异。你可以试着向前伸直手臂，然后竖起你的拇指，闭上一只眼睛去看拇指的位置，然后再切换另一只眼睛去看，你会发现拇指相对于背景有所移动。随后将你的拇指放在更靠近眼睛的位置，重复这一步骤，很容易就能证明较近的物体视差更大。

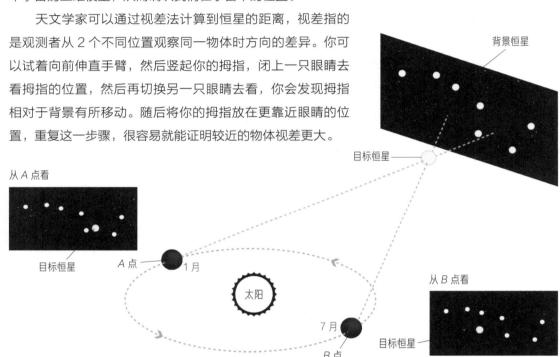

在测量恒星视差时，2 个观测位置（2 只"眼睛"）相距越远越好，这样视差会更大。为了做到这一点，天文学家先在某个位置对选定的恒星进行观测，然后等待 6 个月，使地球沿公转轨道运行半周，尽可能地远离第一次的观测位置。从这里他们再次观察这颗恒星，看它移动了多少。有了这些信息，再利用三角函数，就可以计算出到恒星的距离了。恒星距离我们太过遥远，用千米来计量距离不方便（因为数字会非常大），而用光在一定时间内传播的距离来衡量更为便捷。光从太阳到达地球大约需要 8.3 分钟，所以我们说太阳距离地球 8.3 光分。除了太阳，最近的恒星距离我们大约 4.24 光年。

对恒星视差的测量需要非常精确，因此地面望远镜的应用存在限制。由于大气的干扰，地面望远镜的分辨率较低，只能有效测量距离我们小于 65 光年的恒星的视差。位于环地轨道上的望远镜要精确得多，可以用来寻找几千光年外恒星的位置。

恒星的大小

如果想知道太阳的大小，我们可以简单地测量它的角直径（在天空中的表观大小，以角度为单位），只要我们知道到它的距离，就可以通过三角几何知识计算出它的实际直径。不过，我们可以这样做是因为太阳离地球相对较近，它的视尺寸可以被相当精确地测量。其他的恒星都太遥远了，即使使用最强大的地面望远镜，它们也显得又小又模糊。因此，天文学家使用干涉测量法进行测量，在这种方法中，至少有 2 台望远镜对准天空中的同一位置。通过组合不同来源的多幅图像，可以产生一个更加清晰的最终图像——清晰到可以进行必要的测量，从而计算出其实际直径。

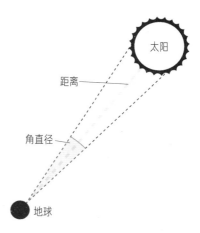

图像1 → 最终图像 ← 图像2

恒星的质量

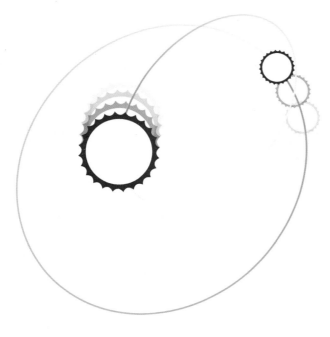

我们可以通过观测其他天体围绕某颗恒星旋转的情况来确定该恒星的质量。例如，通过地球绕太阳公转所需的时间以及地球到太阳的距离，可以计算出太阳的质量。然而，对于太阳以外的恒星，我们往往是通过它们与其他恒星的相互作用来推算其质量的。许多恒星是成对的，构成双星系统，2 颗恒星围绕着彼此旋转，通过测量它们之间的相对距离和速度，就可以推算出其质量。

在用这种方法得到了许多恒星的质量后，天文学家发现，恒星的质量与它们的光度直接相关，质量的略微增大便会导致它们的光度迅速增大。因此，恒星的光度也有助于测量其质量。

星 云

宇宙很大，但不可否认的是，它的大部分区域看起来都是空的。我们可以看到稀疏散布在广袤空间里的有组织的物质团，例如恒星和行星系统，但是物质也存在于巨大、缥缈、非结构化的云中，这些云被称为星云。星云的直径可以跨越数千光年，尽管其密度只比周围的空间略高，但它们是创造更多天体的第一步。

星云有不同的类型，它们以不同的方式产生。有些由来自深空的粒子逐渐聚集而成，另一些则是濒死恒星的残余物。在前一种类型中，星云是从星际介质中产生的——星际介质是充满①在恒星之间的离子、分子和辐射。通常情况下，星际介质分布非常稀疏，其中的粒子不会相互吸引，但如果星际介质受到扰动，它的某些区域会变得比其他区域更致密，从而形成星云。因此，这类星云是由星际介质中的元素组成的，大约四分之三是氢，其余是氦和少量的其他元素。这类星云是恒星形成区，也被称为"恒星托儿所"，如果这类星云的某区域发生坍缩，物质被压缩成可以发生核聚变的高温高压状态，就可能会形成恒星。

另一部分星云产生于恒星的死亡过程。超新星爆发是宇宙中最猛烈的事件之一，当质量异常巨大的恒星到达其生命尽头时，就会发生超新星爆发，将物质抛向太空。大质量恒星内部的核聚变会产生多种元素，因此超新星爆发形成的星云比星际介质形成的星云包含的元素类型更广泛。这种类型的星云除了能够产生新一代的恒星，还包含了可能形成岩质行星的物质。质量较小的恒星，例如太阳，在其生命结束时也会形成星云。一般来说，1~8倍太阳质量的恒星形成的星云几乎是球形的，由于它们的球形外观类似行星，因此被称为行星状星云。从天文学的角度来说，行星状星云的寿命相对较短，平均寿命只有大约3万年。

虽然星云可以被其他恒星照亮，但是当星云包含的气体和尘埃完全遮蔽了来自远处恒星的光线时，星云就会在天空中呈现为暗斑。实际上，在某些情况下星云本身也会发光。这是由于星云中诞生的新恒星或者位于星云附近的大质量恒星，这些恒星释放的高能光子与星云气体相互作用，后者根据其温度和成分重新发射出特定波长的辐射。虽然很多星云可以发出一些可见光，但也有很多星云需要通过特殊的滤光片和长时间曝光才能被探测到。通过使用这样的技术，我们可以拍出壮丽的星云图像——而不仅仅是我们肉眼所能看到的可见光部分。

---

① "充满"可能是个有些夸张的说法，因为星际介质非常稀薄，平均每立方米只有1个原子。相比之下，标准状况下每立方厘米的空气中有 2.7×10^{19} 个分子。——原书注

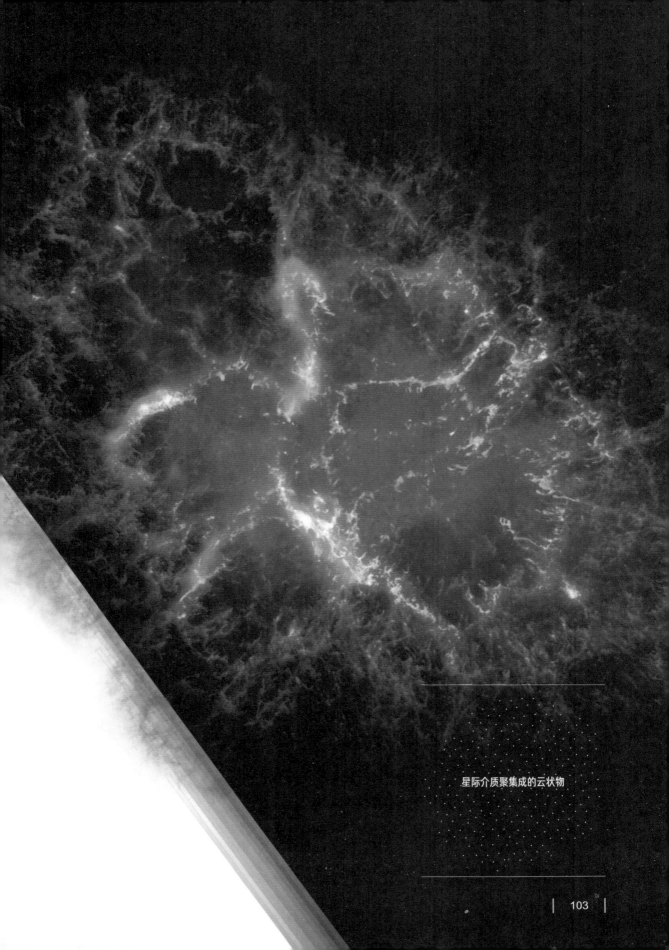

星际介质聚集的云状物

分析星云

就像我们可以通过分析恒星发出的光来了解它们的大气组成一样，我们也可以通过分析穿过星云的光或辐射来研究其特征。通过观察光谱中的吸收线，就可以计算出星云的元素组成以及它的温度。

对于那些自身发出辐射的星云，我们使用了一种略微不同的方法。如果星云被内部恒星或附近恒星的高能光子轰击，其物质将会被电离。在这个过程中，组成星云的元素会发出特定波长的辐射，这样我们就可以对其成分进行研究。结果发现，该类型星云的光谱大部分是空的，只有一些被称为发射线的色带，表示存在哪些元素。

为了便于理解，这里展示的光谱进行了简化，因此清晰明了，但在现实中它们往往更为复杂、很难解释。每种元素的发射光谱都包含许多谱线，当有不止 1 种元素存在时，这些谱线会相互交叠。

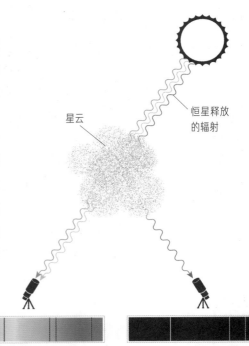

星云

恒星释放的辐射

远处恒星发出的辐射穿过星云后，产生了带有吸收线的光谱。就像恒星大气的吸收线一样，这些吸收线是星云中各种元素的原子吸收特定波长的光子后形成的

在这种情况下，星云内的物质被内部恒星或附近恒星产生的高能光子电离。它所包含的气体以特定的波长重新发射光子，在一个基本空白的光谱上产生发射线

低密度

尽管星云的体积巨大，但其质量却小得惊人。一团体积与地球相当的星云物质，其总质量只有几千克。正是由于星云拥有难以想象的规模，才有了足够的物质来创造恒星和行星。

地球大小的星云物质
质量：几千克

地球
质量：5 972 000 000 000 000 000 000 千克

蜘蛛星云

蜘蛛星云（NGC 2070）距离我们大约 16 万光年，由于其中恒星形成速率高而显得非常明亮——它是本星系群[①]中已知的最活跃的恒星形成区。蜘蛛星云中最耀眼的区域是一个年轻星团，虽然这个星团只有几百万年历史，但它是一些质量极大的恒星的所在地。在这个区域有几十颗年轻恒星的质量都超过 100 个太阳，燃烧的温度是太阳的 10 倍，周围还有数十万颗较小的恒星。据估计，整个星云的直径达 1 600 光年。

[①] 银河系及其周围数十个星系组成的松散的星系群。

亮眼星云

亮眼星云（NGC 6751）是一个距离地球约 6 500 光年的行星状星云，直径约为 0.8 光年。它形成于几千年前，当时一颗恒星因燃料耗尽而发生坍缩，其外层气体释放到太空中。该星云核心处的中心星现在非常明亮，其表面温度高达 14 万摄氏度，它发出的高能光子使周围的气体和它一样发出荧光。

原恒星

恒星生命的第一个阶段开始于星云内坍缩的气体云。这些年轻天体的质量还不够大，不足以在其核心聚变氢。当它们从周围的星云中吸收物质时，只会发出非常微弱的光。

当这些天体积累了足够的质量、形成密度足够大且不透明的核心时，原恒星就诞生了。当附近的物质被吸向原恒星时，坠落的粒子因相互碰撞而被加热，并在此过程中释放出红外线。天文学家利用这些红外信号（在天空中显示为点状源）来帮助识别这些即将成为恒星的原恒星，否则它们很难被发现。原恒星不断吸收周围的气体，质量不断增加，直到周围的气体被耗尽。

虽然原恒星内部可能还不具备氢聚变所需的压力和温度，但有人认为在其核心已经开始发生其他类型的核聚变。有可能是氘（氢的一种同位素）原子核在原恒星的核心发生了核聚变，但是由于氘的含量远低于氢，因此发生的反应要少得多。核聚变产生的所有光子都被原恒星积累的尘埃完全吸收，然后重新辐射出去。

一旦原恒星的核心开始发生氢聚变，它就不再是原恒星了。这需要多长时间？据估计，我们的太阳在原恒星阶段度过了 100 万年，这只是其预期寿命（约 100 亿年）的一小段。不过，不同恒星的情况有所不同。它们的质量越大，坍缩并开始聚变氢的速度就越快，它们作为原恒星的时间就越短。

褐矮星

并不是所有的原恒星都会演变成恒星，它们中有许多都无法积累足够的物质来产生氢聚变所需的温度和压力条件。如果原恒星积累的物质质量不超过 13 倍木星质量，那么它们将会变成像木星一样的气态巨行星。而积累物质质量为 13 ~ 80 倍木星质量的原恒星会成为褐矮星，它们被归类为亚恒星天体，因为它们不聚变氢。

褐矮星不是很明亮，并且与这个名字相反的是，它们不是褐色的，而是呈现为从品红色到橙色和红色的一系列颜色。正如原恒星的情况一样，褐矮星很可能在其核心进行氘原子核参与的核聚变，但它们仍然暗淡且冰冷——最冷的褐矮星的表面温度通常低于室温。随着时间的推移，它们将因耗尽所有的氘而停止核聚变，并将剩余的热量辐射到太空中。

赫罗图

当原恒星达到临界质量且内部温度升到足够高时，其核心将发生氢聚变并开始发光——原恒星现在已经演化成了一颗成熟的恒星。只要恒星开始发光，天文学家就可以用各种方法来确定它的基本性质。它的光度可以通过视亮度和到它的距离来确定，它的温度可以从它的颜色和光谱特征来确定。到 19 世纪晚期，人们已经用这种方法研究了成千上万颗恒星，得到了大量的信息。科学家们为了更好地理解这些数据，于是将它们绘制在了图表上，试图发现其中的规律。赫兹伯隆 – 罗素图（简称赫罗图）就是由此产生的，它由美国天文学家亨利·诺里斯·罗素（Henry Norris Russell）和丹麦天文学家埃纳尔·赫兹伯隆（Ejnar Hertzsprung）在 1910 年左右创制。赫罗图后来成为天体物理学家研究恒星生命的最重要的工具之一。

赫罗图的纵轴为光度，因此最亮的那些恒星位于顶部。横轴表示的是恒星表面温度（或光谱型、颜色），图上的温度向右递减，所以最冷的那些恒星位于右侧。图中的结果显示，恒星温度和光度之间的关系并不是随机的，恒星集中分布在几个区域。大多数恒星都位于从左上角到右下角的一条连续带（主序带）中，"主序"一词代表着恒星处于气体压力与引力相平衡的稳定状态，恒星将在主序阶段度过其 90% 的寿命。当一颗新的恒星开始进行氢聚变时，它就会出现在主序带上，它所积累的质量决定了它在主序带中的位置。质量较大的恒星燃烧起来会又明亮又炽热，位于主序带的左上方；质量较小的恒星燃烧起来温度很低，显得暗淡无光，位于主序带的右下方。

最初，赫罗图只包括与温度和光度有关的信息，但一些版本也描述了恒星的相对大小。正如右图所示，我们通过选择一些典型的恒星并将其体积与其温度和光度进行对比，就可以看到另一种模式。图的右上方是非常明亮但温度较低的恒星所在的区域，这些恒星的体积普遍很大；而在左下角，我们发现了最小的一批恒星。

水平轴除了标有温度，也标有光谱型。恒星的光谱型告诉我们它发出的电磁辐射的类型，这与恒星的颜色相对应。左边的 O 型星是最热最蓝的，右边的 M 型星是最冷最红的（除了图中展示的，还有一些其他的光谱型）

绝对星等[①]是描述恒星光度的另一种方法，也可以在纵轴上标出。这个数值越低，恒星越亮

---

① 星等是表示天体相对亮度并以对数标度测量的数值，视星等反映天体的视亮度，与天体的距离有关。假定把天体放在距地球 10 秒差距（32.6 光年）的地方，由此测得的视星等称为绝对星等，其不受距离的影响，从而能够用来比较天体真实的发光本领。

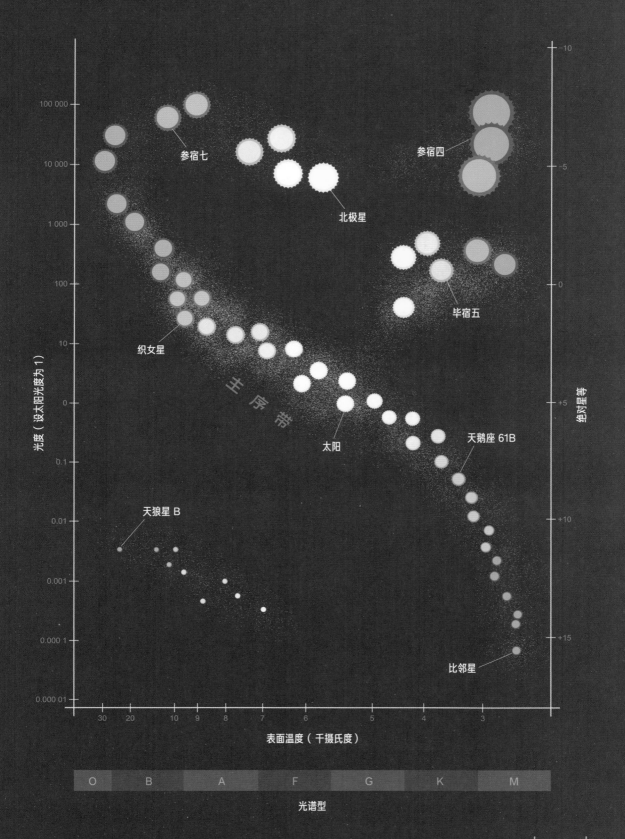

光度（设太阳光度为 1）

100 000
10 000
1 000
100
10
0
0.1
0.01
0.001
0.000 1
0.000 01

参宿七

北极星

参宿四

毕宿五

织女星

主序带

太阳

天鹅座 61B

天狼星 B

比邻星

绝对星等

-10
-5
0
+5
+10
+15

表面温度（千摄氏度）

30 20 10 8 6 5 4 3

O B A F G K M

光谱型

主序星

位于赫罗图主序带上的恒星称为主序星，因其光度比巨星和亚巨星小，所以也叫矮星（注意白矮星、亚矮星、黑矮星并非矮星，而是另有所指）。主序星是宇宙中数量最多的恒星，我们的太阳也是其中一员。主序星正处于它们生命过程中最稳定、最平衡、时间最长的阶段。

原恒星最初从周围的星云中吸积物质而逐渐成长，它会经历引力收缩。在这个过程中，物质被挤压，释放能量。当原恒星质量达到太阳的 0.08 倍时，其核心将发生氢聚变——这是另一种能量释放方式。只有当氢聚变产生的向外的压力与向内的引力平衡时，一颗恒星才被正式认定为主序星。

当原恒星周围的尘埃包层部分或全部消散后，星体在光学波段变得可见，此时恒星已经获得了几乎全部的质量，但还没有开始氢聚变，它将在引力的作用下继续收缩，这一阶段的恒星被称为主序前星，位于赫罗图主序带的上方。当主序前星收缩到一定程度后，核心处的氢将在高温高压条件下聚变成氦，一旦氢聚变能提供全部的恒星辐射能，恒星演化便进入主序阶段。有时恒星的演化会直接跳过主序前星阶段——大质量初期恒星体（MYSO）坍缩得非常快，所以氢聚变几乎会立即开始。

一旦进入主序阶段，恒星就会达到一种平衡状态，即恒星核心的氢聚变产生的向外的压力与向内的引力保持平衡。在这种情况下，它们的光度和温度只是随着时间非常缓慢地上升，所以它们不会远离赫罗图上的初始位置。当恒星消耗了大量的氢之后，它们就会脱离主序，变得更加明亮，并演化成后面会讲到的其他类型的恒星。质量越大的恒星在主序阶段停留的时间越短，因为它们消耗氢的速度要快得多。例如，我们的太阳会在主序阶段停留大约 100 亿年的时间，但一颗质量是其 5 倍的恒星只能在主序阶段停留 7 000 万年，随后将因为氢的耗尽而脱离主序。

主序星约占宇宙中所有恒星的 90%，那么为什么会有这么多主序星呢？其实只是因为恒星的大部分生命都是在主序阶段度过的，所以当我们观测其他恒星时，更有可能看到它们正处于这个阶段。就好比你对人群进行取样统计后，会发现大部分人的年龄在 8 个月到 80 岁之间，只有最年幼和最年长的人不在这个区间。

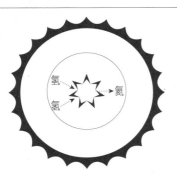

通过核聚变，氢被转化为氦

恒星内部的核聚变

一系列核反应

恒星最初是通过氢的核聚变（也就是通常所说的氢燃烧）才在主序带上开始了它们的生命。我们已经简要描述了太阳的氢聚变是如何发生的（第 80 页）。事实上，有几种不同的碰撞组合可以产生氦，下图展示了其中最简单的一种。

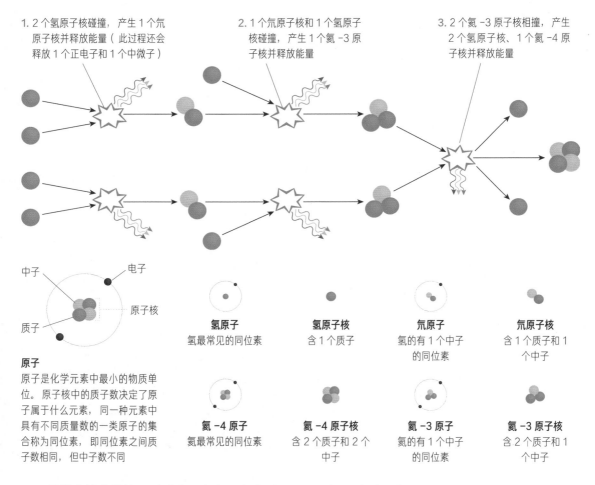

1. 2 个氢原子核碰撞，产生 1 个氘原子核并释放能量（此过程还会释放 1 个正电子和 1 个中微子）

2. 1 个氘原子核和 1 个氢原子核碰撞，产生 1 个氦 -3 原子核并释放能量

3. 2 个氦 -3 原子核相撞，产生 2 个氢原子核、1 个氦 -4 原子核并释放能量

中子　　　　电子
　　　　原子核
质子

原子
原子是化学元素中最小的物质单位。原子核中的质子数决定了原子属于什么元素，同一种元素中具有不同质量数的一类原子的集合称为同位素，即同位素之间质子数相同，但中子数不同

氢原子
氢最常见的同位素

氢原子核
含 1 个质子

氘原子
氢的有 1 个中子的同位素

氘原子核
含 1 个质子和 1个中子

氦 -4 原子
氦最常见的同位素

氦 -4 原子核
含 2 个质子和 2 个中子

氦 -3 原子
氦的有 1 个中子的同位素

氦 -3 原子核
含 2 个质子和 1个中子

虽然上述完整的系列反应只有在温度达到 1 000 万摄氏度时才会发生，但值得注意的是，第二步氘原子核与氢原子核之间的核聚变可以在较低的温度下发生，这就是为什么褐矮星可以发出少量辐射。它们的温度虽然不足以将氢原子核融合在一起，却可以慢慢消耗自身的天然氘储备。由于氘只占宇宙中氢元素总量的大约 0.002%，因此在恒星中这种碰撞非常罕见，这就是褐矮星输出功率低的原因。

平衡

核聚变释放的能量施加了一个向外的压力，以抵抗恒星向内的引力。如果没有这些核反应的发生，恒星的质量将会使其坍缩——所有的恒星都会在某一天耗尽燃料时遇到这种情况。坍缩导致的最终结果很大程度上取决于恒星的质量。质量最小的一些恒星缓慢燃烧它们的氢，一旦氢耗尽，核聚变就会停止，恒星就会坍缩。质量大一些的恒星在其内部产生的温度和压力使其可以继续燃烧其他元素。当恒星在主序带上时，其核聚变产生的压力与向内的引力相平衡，因此它们保持在一个稳定的状态——既不膨胀也不收缩。

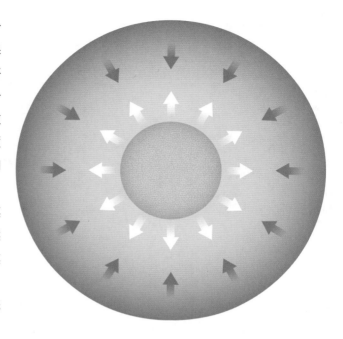

恒星分层结构的形成

在下面的图中（仅为简化示意），最左侧的恒星位于主序带，它主要由氢组成，在燃烧时会将一部分氢转化为氦。氦是在恒星核心的中心处产生的，并且随着时间的推移在那里积累。随着氦核的增长，氢在包围它的壳层中继续燃烧，产生更多的氦。对于大质量恒星来说，这一过程并没有结束，其核心的高压和高温可以聚变出更重的元素。因此，在氦核的中心，核聚变将产生更重的元素碳，碳核将在燃烧的氦壳层内形成。这个过程不断重复，直到铁元素形成为止。

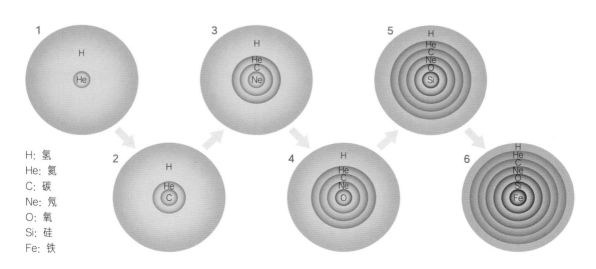

H: 氢
He: 氦
C: 碳
Ne: 氖
O: 氧
Si: 硅
Fe: 铁

小质量恒星

质量小于太阳一半的恒星燃烧氢的速度要慢得多，因为它们内部的温度和压力比较低。虽然这些被称为红矮星[1]的恒星体积小且温度相对较低，但它们的发光时间比其他恒星都要长。

1. 当恒星开始缓慢燃烧氢时，它就进入了主序阶段。红矮星的质量越小，燃烧的时间就越长。在质量较小的红矮星（小于 0.35 倍太阳质量）中，不那么极端的温压条件允许对流存在于整个恒星内部。因此核聚变产生的氦分布在恒星的各个区域，而不会在中心聚集成氦核。2. 随着时间的推移，由于核聚变的持续发生，氦的含量缓慢增加。一颗质量为 0.1 倍太阳质量的恒星燃烧氢的时间可以长达惊人的 10 万亿年。3. 由于氦含量的增加，氢原子核之间的碰撞变得越来越少，因此核聚变也不那么频繁了。核聚变产生的向外的压力慢慢减小，恒星由于自身引力而逐渐收缩。4. 随着核聚变发生得越来越少，恒星继续缩小，并变得越来

---

① 对小质量恒星的划分并无严格标准，太阳也常被归为小质量恒星，在本书中，其特指质量小于 0.5 倍太阳质量的恒星，即红矮星。

暗。5.一旦整颗恒星几乎都变成了氦,核聚变就会停止,也就没有更多的辐射压力来平衡引力了,恒星将坍缩成一颗白矮星①。白矮星体积很小但密度非常大——想象一下把太阳压缩到地球的大小。在经历了如此强烈的引力收缩后,白矮星在刚形成时温度非常高,但由于没有任何能量来源,随着时间的推移,它们将在辐射

热量的过程中逐渐冷却。因此,白矮星仅有的一点光度来源于其储存的热能的释放,而非核聚变的发生。6.最终,白矮星会冷却到不再辐射任何光或热的程度,变得非常难被探测到。这种理论上存在的天体被称为黑矮星。在这种情况下必须使用"理论上"一词,因为天文学家从未发现过黑矮星。事实上,由于黑矮星的形成需要很长时间,因此没有观测到它们也在情理之中。物理学家预测,一颗主序星发展成黑矮星需要数万亿年的时间——远远长于宇宙目前 138 亿年的年龄。

---

① 理论计算显示,虽然红矮星能演化成白矮星(中间要经历红巨星或蓝矮星阶段),但所需时间特别长(远超目前宇宙的年龄)。

数量最多的恒星

红矮星：

其他的恒星：

据估计，在我们的银河系中，红矮星占恒星总数的四分之三。由于红矮星的寿命极长，它们与其他恒星的比例可以帮助天文学家计算星系和星团的年龄：质量和亮度更大的恒星燃烧燃料和死亡的速度比红矮星快得多，所以较老的星系和星团中红矮星的比例会更高。

比邻星

半人马座 α 星是离我们最近的恒星系统，包括 3 颗恒星：其中 2 颗主星非常像我们的太阳，叫作半人马座 α 星 A 和半人马座 α 星 B（距离地球约 4.37 光年）；第三颗是半人马座 α 星 C，也就是我们常说的比邻星，它是一颗红矮星。该系统中的 2 颗主星围绕彼此旋转 1 周的时间不到 80 年，然而距离这 2 颗恒星较远的比邻星绕它们旋转 1 周需要大约 55 万年。

作为一颗红矮星，比邻星比系统中的 2 颗主星小得多，亮度也要低得多，肉眼是看不见的。早在公元 2 世纪，古希腊著名学者克罗狄斯·托勒密（Claudius Ptolemaeus）就记录了半人马座 α 星 A 和半人马座 α 星 B，而比邻星直到 1915 年才被发现。

作为一颗小质量恒星，比邻星的质量大约是太阳的八分之一，但其密度要比太阳大得多。像这样的小质量恒星发生核聚变的速率要低得多，因此几乎没有辐射压力来对抗引力的挤压。目前，被压缩的比邻星的密度已经达到了太阳的 33 倍。虽然在大小和亮度上有所不足，但它拥有极长的寿命。比邻星的氢正在慢悠悠地燃烧着，预计此过程还能持续大约 4 万亿年。

光谱型：	与地球的距离：	
M	4.24 光年	2 770 摄氏度

表面温度

质量：	光度：	直径：
太阳的 0.123 倍	太阳的 0.001 7 倍	太阳的 0.154 倍

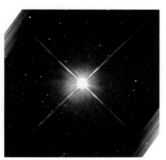

哈勃空间望远镜拍摄的比邻星照片，2013 年

中等质量恒星

    0.5～8倍太阳质量的恒星燃烧氢的时间从几千万年到几百亿年不等，这取决于它们的质量。中等质量恒星在燃料耗尽时，会膨胀许多倍，以红巨星的形式度过它们的晚年。这些巨大又明亮的恒星很快就会变得不稳定，然后在某个时刻爆炸，将大部分物质抛向太空，留下一个炽热而致密的核心。

    1. 中等质量恒星在诞生之初就燃烧其核心的氢。我们的太阳是其中之一，它被归类为黄矮星，但在"中等质量"范围内还有其他类型的主序星。**2.** 随着核聚变的进行，氦在核心积累，氢开始在氦核外的壳层中燃烧。随着氦核

的变大，氢聚变的区域必须向恒星表面靠近，因为氦占据了中心的位置。这导致恒星逐渐膨胀（发生核聚变的区域向外移动，加热了恒星的外围区域）和冷却（核聚变开始减少，因为氢无法占据恒星核心处最热的部分）。**3.** 当核聚变降低至临界水平时，恒星的核心就会向内坍缩，此时核心将外围区域的氢牵拉到核心周围足够炽热的壳层中，在那里它可以被重新点燃。壳层的氢被重新点燃所产生的大部分能量被恒星的外层吸收，导致外层大大膨胀，也增加了恒星的光度。**4.** 一旦膨胀停止，恒星处于平衡状态，它就变成了红巨星。虽然红巨星的

表面温度比太阳低，但其光度可能是太阳的数千倍，直径可能达到太阳的数百倍。像太阳这样的恒星预计将在红巨星阶段度过大约 10 亿年的时间，在此期间，氦核会继续在内部增长（质量增大但体积收缩），温度会稳步上升。一旦氦核达到特定的温度，它就会开始氦聚变，就像最初在恒星核心燃烧氢一样。氦聚变产生了更重的元素——碳和氧，它们开始聚集在核心的中心处。一颗质量小于 8 倍太阳质量的恒星永远不会产生使碳或氧发生核聚变所需的条件，因此，当它不再能够燃烧氢和氦的壳层时，引力将克服向外的压力而占据主导优势。随后

将发生一系列的脉动：向内坍缩的物质进入核心后被重新点燃，释放出能量，这将恒星的外层再次向外推，使其温度降低，密度变小，然后引力以一种回弹效应再将外层拉回来。5. 随着亮度和温度的脉动，星风①将恒星的大部分物质带到太空，直到只剩下一个炽热、致密的核心，核心被行星状星云环绕。红巨星的残余，也就是它剩下的核心，现在只是一颗不能燃烧的白矮星。6. 在数万亿年的时间里，白矮星逐渐演变成黑矮星。

---

① 类似太阳风，从恒星向外不断抛出的物质流。

刍藁增二

光谱型：
M

与地球的距离：
300 光年

25 000
10 000
5 000
4 000
3 000
2 000
1 000

2 720 摄氏度

质量：
太阳的
1.18 倍

光度：
太阳的
8 400～9 360 倍

直径：
太阳的
330～400 倍

表面温度

从地球上看，当刍藁增二最亮的时候，它就像北斗七星一样明亮，但是当它变暗时，肉眼是无法看到的。随着光度的变化，它的大小也在变化。它收缩到最小时的直径是太阳的 330 倍，膨胀到最大时的直径达到太阳的 400 倍。在刍藁增二最小的时候，由于较多的物质被挤压到核聚变发生的区域，所以它此时是最亮的，其光度可达我们太阳的 9 360 倍。虽然它的体积大、光度高，但它的质量相对较小——只有太阳的 1.18 倍。

这颗神秘恒星发出的脉冲信号表明，它正从红巨星转变为白矮星。核聚变产生的能量将恒星外层推开，然后引力将一切物质拉回来，它就这样一次又一次地重复这个过程。刍藁增二在努力保持平衡，但总有一天这个平衡会被打破。当它的生命接近尾声时，每一次膨胀都会有一些物质被喷射到太空，被星风带走。刍藁增二现在看起来已经很累了，就像一个比赛后筋疲力尽的运动员，不停地喘着粗气。

在刍藁增二（也叫鲸鱼 o）被观测到后，人们很快发现它不同于当时已知的任何一颗恒星。1596 年，德国牧师大卫·法布里修斯（David Fabricius）在研究其他天体时偶然发现了它，并首次对这种新型恒星进行了确切的观测。

一天晚上，法布里修斯在监测行星时，挑选了一颗不起眼的恒星作为参考点，这样他就可以跟踪目标行星的运动情况。大约 3 周后，当他再次凝视同一片夜空时，发现他的参考点比上次观测到的明显要亮得多。1 个月后，那颗恒星从视野中消失了。于是，法布里修斯错误地认为他目睹了一颗新星的诞生。然而，奇怪的是，这颗恒星在几个月后又能被看到了。

由于这颗恒星的特殊性，天文学家后来将其命名为 Mira，这是拉丁语中"奇妙"的意思。与太阳和其他大多数恒星不同，它发出的光很不稳定，每隔 332 天就在最暗和最亮之间循环 1 次。这颗红巨星[①]成为第一颗被发现的变星[②]。

① 刍藁增二其实是一个双星系统，包含 1 颗红巨星和 1 颗白矮星，类似于刍藁增二的变星被称为刍藁（型）变星。
② 通过探测器（包括人眼、望远镜、辐射接收器）检测到其亮度有变化的恒星。

范玛宁星

就像科学研究中经常发生的那样，天文学家在寻找一些东西时经常会有意外的发现。荷兰裔美国天文学家阿德里安·范玛宁（Adriaan van Maanen）就是这样发现了一颗后来以他的名字命名的恒星。他在寻找 24 光年外一颗类太阳恒星的伴星时，偶然发现了一颗暗淡的小恒星，位于地球和他的目标之间。

范玛宁星（也译为范玛南星）于 1917 年被发现，常被称为范玛宁 2 号，但直到 1923 年它才被确认为白矮星。范玛宁星是人类发现的第三颗白矮星，然而与人们当时所知的其他白矮星不同，这颗白矮星不是双星系统的一部分，而是一个孤独的旅行者。其他白矮星的存在是科学家通过它们对伴星的拉力推断出来的，这种力会导致伴星"摇摆"，所以能在太空中发现昏暗的范玛宁星真的是一种运气。这颗小恒星的光度非常低，我们的太阳 1 天发出的光比这颗小恒星 15 年发出的光还多。作为一颗白矮星，它的密度很大，其质量约为太阳的 68%，而直径仅为太阳的 1.1%。

最近，范玛宁星再次引起了人们的兴趣。奇怪的是，此次激起天文学家想象力的并不是最新的观测成果，而是 100 多年前的历史记录。1917 年，在这颗恒星被发现后不久，它所发出的光被记录在光谱板上，并保存在卡内基天文台的收藏中。这颗恒星的光谱是一个谜团：吸收线清楚地表明了钙、镁甚至铁等重元素的存在，但这些元素应该早就沉入恒星的核心，而不是存在于恒星的上层大气中。这一谜团在 2016 年重新进入天文学家的视野后，他们对这些光谱板进行了检查，开始怀疑这些较重的元素存在于恒星周围的岩石碎片环中，这些岩石物质"污染了"白矮星的大气。一些理论认为，这些岩石物质曾经是行星，它们在恒星膨胀成红巨星时被摧毁。一旦范玛宁星耗尽所有的燃料，它就会坍缩成一颗白矮星，那时其周围的行星也已经变成一片废墟。如果这是真的，那么我们太阳系的内行星（水星和金星）的命运可能会与之非常相似。

光谱型：

D

与地球的距离：

14.07 光年

表面温度

5 840 摄氏度

质量：
太阳的
0.68 倍

光度：
太阳的
0.000 17 倍

直径：
太阳的
0.011 倍

太阳的一生

在探索宇宙中的大质量恒星之前，我们先来分解一下太阳生命的各个阶段。不同时期的太阳都在右页的赫罗图上有所显示，这样我们就可以追踪太阳从第一次发光到变暗死亡的路径，然后进一步了解该路径是如何与太阳内部的反应过程联系起来的。

1. 大约在 46 亿年前，一团主要由氢和氦组成的气体云开始在自身引力作用下坍缩。附近的一次超新星爆发产生了较重的元素，很可能正是这一事件引发了气体云的坍缩。物质开始旋转着向中心坠落，大部分物质聚集在中心，其余物质则被压扁成一个圆盘，行星将从这个圆盘中演变而来。当聚集在中心的物质足够多时，核聚变就开始了。2. 太阳开始在核心燃烧氢，当来自核聚变的向外的压力与恒星本身的引力相平衡时，太阳开始稳定发光，进入主序阶段。随着时间的推移，太阳核心的压力逐渐增加，这将增大核聚变的速率，因此太阳会变得更亮。太阳将在这种状态下度过大约 100 亿年，而现在几乎已经度过了一半的时间。3. 太阳燃烧氢，在核心生成氦。待核心的氢耗尽后，它将继续燃烧更靠近表面的壳层的氢，此时太阳不再是一颗主序星。在膨胀速度急剧增大之前，太阳的规模将在 5 亿年内翻一番。在接下来的 5 亿年里，它的直径将增大到现在的 200 倍，光度将升高到现在的 2 000 倍[1]。

① 右侧赫罗图中描绘的光度变化仅为示意，存在误差。

此时，我们的太阳成了一颗红巨星，它吞噬了水星、金星，甚至可能还有地球。太阳将在大约 10 亿年的时间里保持红巨星的状态，在此期间，向外吹的星风将带走大约三分之一的物质。4. 随着壳层的氢的燃烧向外推移，氦核的质量增大，温度也越来越高。当氦核温度达到氦聚变的临界温度时，会突然开始剧烈的燃烧，这就是所谓的"氦闪"。据估计，核心中 6% 的氦将在几分钟内转化为碳。一旦氦开始在核心发生核聚变，太阳将会缩小到目前直径的 10 倍，亮度降低到现在的 50 倍。5. 随着氦在不断增长的碳核周围的壳层中燃烧，氢也在氦核周围的壳层中燃烧，太阳将开始再次膨胀。这与它在变成红巨星时经历的膨胀类似，但这次的过程要快得多。大约 2 000 万年后，随着燃料的减少，太阳将变得越来越不稳定。它周期性地坍缩，这将重新点燃核聚变并使它再次膨胀，如此的循环往复会导致它的光度和大小都发生周期性的脉动。6. 太阳的脉动越来越强，直到最后一次脉动，这次坍缩和随后的膨胀都非常极端，导致其外部物质被抛向太空，形成行星状星云。留下的核心致密而炽热，其质量大约是目前太阳质量的一半。7. 行星状星云将在短短 1 万年内消散，但残留的核心将永远存在。在很短一段时间内，也许 200 年左右，太阳的光度将保持稳定。在此期间，由于没有核聚变来对抗引力，太阳将收缩并因此变热，释放出大量热辐射，正是这些辐射暂时维持了它的光度。8. 在收缩完成后，太阳的光度将下降，但其残留的核心将超过 10 万摄氏度。该核心由高度压缩的碳和氧组成，现在它成了一颗白矮星，并将在数万亿年里保持这种状态，逐渐将热量辐射出去。一旦它不再发出任何热量或光线，它将从赫罗图中消失，成为一颗黑矮星。

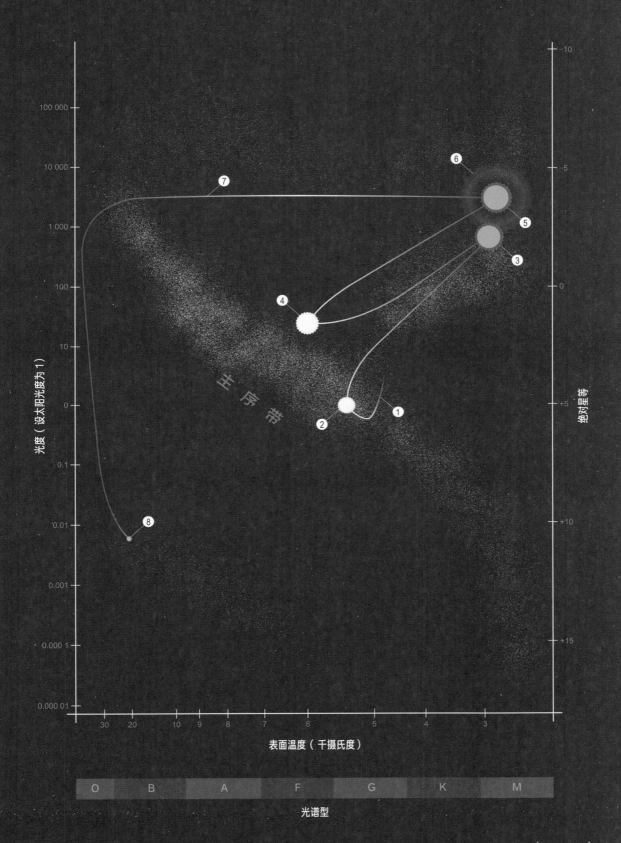

100 000

10 000

1 000

100

10

1

0.1

0.01

0.001

0.000 1

0.000 01

光度（设太阳光度为 1）

表面温度（千摄氏度）

30 20 10 9 8 7 6 5 4 3

绝对星等

-10

-5

0

+5

+10

+15

主序带

| O | B | A | F | G | K | M |

光谱型

大质量恒星

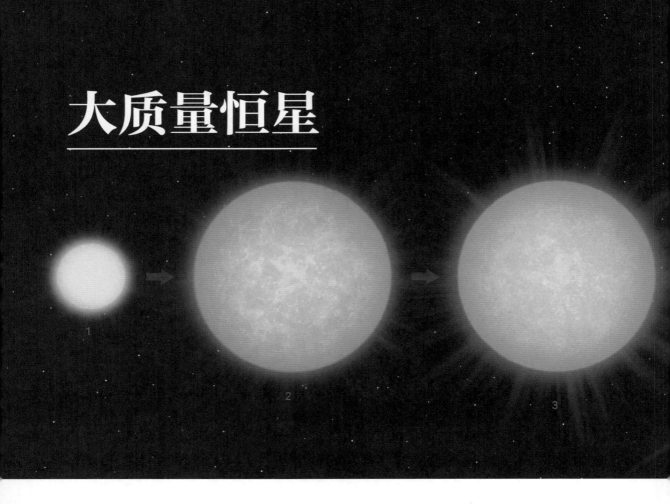

超过 8 倍太阳质量的恒星非常明亮，但它们的光辉是有代价的。它们发出的光越强烈，寿命就越短。这些大质量恒星内部的极端温度和压力使其中的核聚变比小质量恒星更频繁地发生，因此它们会迅速耗尽燃料，在内部形成一些较重的元素，但只有当它们到达生命的终点时，才产生最重的一些元素。当大质量恒星坍缩时，发生的爆炸极其剧烈，大量丰富多样的元素由此产生并被散布到宇宙中。

1. 和其他恒星一样，大质量恒星通过发生氢聚变进入主序阶段。由于质量更大，这些恒星燃烧起来比质量相对较小的恒星更亮、温度更高。质量相对较小的恒星能够在主序阶段稳定发光数十亿年或更长时间，而一颗质量为太阳 15 倍的大质量恒星只能在主序阶段停留1 000 万年。2. 与质量相对较小的恒星一样，

大质量恒星也会在核心形成氦核。然后氢开始在核心周围的壳层中燃烧，恒星逐渐膨胀，其直径可能超过太阳直径的 1 000 倍。离开主序后，它现在被称为红超巨星（质量超过 25 倍太阳质量的恒星将演化成蓝超巨星）。这些恒星的质量非常大，其核心内部已经具备了氦聚变的条件。因此，与质量相对较小的恒星不同，氦聚变开始得很顺利，因为核心不需要通过坍缩来产生必要的温度。3. 氦聚变继续进行，产生了更重的元素碳，在燃烧的氦和氢的壳层中形成碳核。新产生的元素密度更大，因此所占的空间比原来的元素小，这就导致了恒星核心的收缩。这种收缩会拉近周围的物质，增加核心的压力和温度，以达到聚变出下一种元素所需的条件。不像质量相对较小的恒星（它们会发展成白矮星）核聚变的终点是碳，在大质量

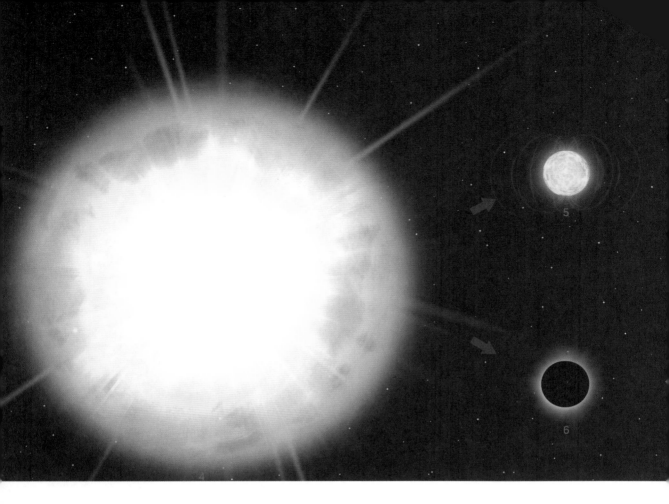

恒星中，碳将能够继续聚变。碳聚变会产生较重的元素氖，它将沉入中心，在碳核内形成另一个核。这个过程会不断重复，使恒星内部变得像洋葱一样，形成一层一层的同心圆，每一层都由不同元素构成。恒星以这种方式产生的最后一种也是最重的一种元素是铁。聚变出新元素的每个阶段都比前一个阶段进行得更快。从恒星产生碳的那一刻到形成铁的那一刻，这段时间在天文学尺度上只是一眨眼的工夫，在质量极大的恒星中，这可能只需要几百年的时间。4. 铁的诞生意味着一颗恒星寿命将尽。到目前为止，产生新元素的每一步核聚变过程都释放能量，这些能量向外支撑着恒星，以对抗引力收缩。然而，铁在核聚变过程中消耗的能量比它释放的能量要多，这导致了红超巨星（蓝超巨星）内部的失控。当铁核达到一定质量时，会突然出现不平衡，导致恒星出现灾难性的坍缩。这种突发的坍缩将引发向外的巨大冲击波，也就是超新星爆发。超新星爆发非常猛烈，甚至在半个宇宙之外都能看到。超新星爆发过程产生了不可思议的热量和压力，因此能够产生比铁更重的元素，然后这些元素被喷射到宇宙中。5. 如果一颗大质量恒星的原始质量小于太阳的 20 倍，那么残留的核心将在直径约 20 千米的位置停止坍缩，形成中子星。这类天体的密度和温度都极高。中子星内部不会发生核聚变，所以它将随着时间慢慢冷却。6. 如果一颗大质量恒星的原始质量超过太阳的 20 倍，那么就没有什么能阻止残留的核心继续坍缩。它所有的物质都会被压缩到一个点上，这个点上的引力非常大，甚至连光都无法逃脱——一个黑洞就这样诞生了。

参宿四

参宿四是肉眼可见的最大最亮的恒星之一，它是一颗寿命将尽的红超巨星。这颗高亮度的恒星最近的活动表明，它可能即将迎来坍缩和随后的超新星爆发。但是不要害怕，在天文学尺度上，这里的"即将"指的是 10 万年后，而且我们在距其数百光年的位置，已经远远超出了危险区域。

由于它在天空中的亮度，这颗恒星自古以来就为人所知。它的现代名称 Betelgeuse 源自古老的阿拉伯语——Yad al-Jauza，意思是"猎户座之手"，意指它在猎户座中的位置。关于这颗恒星呈红色的记录可以追溯到古希腊，但是直到 19 世纪我们才发现它的另一个主要特征。1836—1840 年，约翰·赫歇尔（John Herschel）爵士对参宿四进行了监测，当时他注意到参宿四的亮度超过了那些平时比它更亮的恒星。在此期间，他注意到它的亮度有 2 次达到峰值。1849 年，他看到了另一个活动周期的开始。在这次监测期间，

参宿四的亮度再次变化，在 1852 年达到峰值。这些活动持续了多年，并被世界各地的天文学家记录下来，他们注意到，虽然其光变有一定周期性，但呈现出不规则特征。这种类型的恒星被称为半规则变星[①]，即那些随着燃料储备的减少，正在努力保持平衡的处于中期和晚期的巨星或超巨星。

参宿四比太阳大得多，其直径是太阳的数百倍（不同计算结果有差异）。如果把它与太阳互换位置，它将吞噬所有的岩质行星以及小行星带，甚至木星也不能幸免。参宿四巨大的体积导致其光度非常高，超过太阳的 10 万倍。因此，即使它离我们很远，它仍然是夜空中最明亮的恒星之一。与其他红超巨星一样，参宿四目前的状态决定了它的表面温度很低。虽然参宿四质量巨大，但其大部分质量都集中在中心处，那里正在聚变出较重的元素，而密度较低的外层已经经历了膨胀和冷却。

天文学家认为，参宿四在大约 100 万年前离开了主序，在过去的 4 万年里一直是一颗红超巨星。当它的核心最终坍缩时，未来的地球人将在夜空中看到耀眼的光芒。在至少几周的时间里，它将比晚上的满月还要亮，甚至在白天也能清楚地看到。

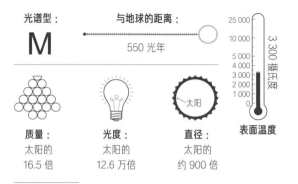

光谱型：	与地球的距离：	
M	550 光年	25 000 / 10 000 / 5 000 / 4 000 / 3 000 / 2 000 / 1 000 — 3 300 摄氏度

质量：	光度：	直径：	表面温度
太阳的 16.5 倍	太阳的 12.6 万倍	太阳的 约 900 倍	

① 半规则变星的光变曲线外形和光变周期都有很大的不规则性，光变周期从几十天至几年不等。

超新星

超新星指的是演化到生命末期产生灾变性爆发的恒星，超新星爆发是宇宙中最激烈的爆发现象之一，只有大质量恒星才会产生超新星爆发。大质量恒星在生命结束时，会将自己撕成碎片，由此产生的爆发规模巨大且极其明亮，其光度能轻而易举地超过 1 000 亿颗恒星——相当于整个星系所发出的光。

在了解了恒星如何在内部创造元素之后，我们知道很多元素都可以通过核聚变生成更重的元素，然后更重的元素下沉到恒星核心。核心的收缩（原因详见第 126 页）提高了温度和压力，然后聚变出下一种元素。只要恒星的质量足够大，这个过程似乎就可以无限持续下去。然而，铁的性质意味着事实并非如此，当铁元素产生时，恒星就时日无多了。

铁与其他元素的不同之处在于，它在核聚变过程中所消耗的能量比它释放的能量要多，所以中心的铁核不会发生核聚变。随着靠近恒星核心的核聚变的减少，产生的外推力也会减少，核心的收缩加剧。然后核心将会坍缩，导致其温度进一步上升，但这还没有结束。更糟糕的是，在如此高的温度和压力下，铁原子核会吸收四处飞舞的自由电子。这些电子也是支撑核心的一种力量，如果没有它们向外的推力，核心就不能抵抗引力。超新星核心的引力大得不可思议，周围粒子坠落的速度接近光速。从

硅聚变出铁到核心发生内爆，只需要不到 1 秒的时间。在一瞬间，核心的直径从几百千米缩小到几十千米，产生极高的热量和向外扩散的冲击波，这些冲击波将撞击从恒星外围区域吸入的物质，并使它们减速。在这一切发生的同时，核心内发生的奇怪的物理现象会释放出无数的中微子——这种幽灵般的亚原子粒子通常不会与物质发生相互作用，但在超新星爆发中它们会与外层物质相互作用。这些微小的粒子携带着惊人的能量，它们在瞬间释放的能量是太阳一生所产生能量的 100 多倍。爆炸就是在这时发生的。当中微子从核心向外爆发时，它们会猛烈地撞击那些密集的、下坠的物质，这些物质会立即调转方向，以 10% 光速的速度被抛向太空。在这巨大的能量爆发中，比铁更重的元素被创造出来，这些新产生的元素和之前的元素一起被散布到太空中。残留的核心是一颗极其致密的星体，其密度远大于白矮星，并且具有独特的性质。根据发生坍缩的核心的质量，它可能是一颗中子星，也可能是一个黑洞——这是大自然所提供的 2 种最奇异的创造物。

只有一小部分恒星具有形成超新星的质量，因此超新星爆发在任何星系中都相当罕见。例如，在银河系中每个世纪只发生大约 3 次超新星爆发，所以为了研究它们，我们经常观察其他星系以获得合适的样本数量。

铅

银

金

铜

重元素被喷射到太空中

超新星的类型

现在，我们了解到了一颗大质量恒星如何以超新星爆发的形式结束它的生命。通过观测这些灾难性事件发出的光的光谱，我们可以确定那里存在哪些元素，这帮助我们了解那些恒星的历史。除了大质量恒星坍缩，还有其他方式也可以触发超新星爆发。超新星大致分为以下 4 种类型。

Ia 型超新星形成于白矮星从伴星吸取物质的过程中。当白矮星达到临界质量时，它会经历引力坍缩和爆发（见本页底）。这通常会产生最明亮的一类超新星，所以我们可以在更远的距离观测到它们，也正因如此，我们观测到的 Ia 型超新星比其他类型的都要多。Ib 型、Ic 型和 II 型超新星都是大质量恒星由于核聚变停止而在引力作用下坍缩时形成的。Ib 型和 Ic 型超新星是恒星在生命后期失去其氢包层的结果，这可能是由于强烈的星风，或者是被伴星"抢"走了物质。

主序星围绕着一颗质量巨大但体积很小的白矮星运行

主序星在生命接近尾声时膨胀，成为红巨星。当它稀薄的外层接近白矮星时，气体以螺旋形式被吸入密度更大、引力更强的白矮星

白矮星的质量不断增加，直到达到一个临界点，在这个临界点上，它会坍缩并爆发成超新星

超新星的力量将另一颗恒星抛入太空

开普勒超新星

　　这是 1604 年在蛇夫座内爆发的一颗超新星，因德国天文学家开普勒最先对其进行观测和研究而得名，也被称为开普勒星或开普勒新星，它是我们银河系中迄今为止最后一颗可以用肉眼观测到的超新星。它在亮度高峰期曾是夜空中最亮的星星，可以连续超过 3 个星期在白天看到它。欧洲、中国、韩国和阿拉伯地区的记录都证实了这次发生在距离地球 1.3 万光年处的超新星爆发。

　　在这一页，我们可以看到开普勒超新星爆发后的余波。通过使用各种望远镜捕捉 X 射线、可见光和红外辐射，这张合成图像向我们展示了超新星遗迹的辉煌。只有借助现代技术，我们才能看到由超新星在太空中喷射出的微小尘埃粒子、过热等离子体和气体组成的优美图像。

中子星

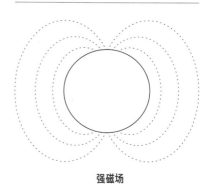

小巧的中子星是宇宙中最奇怪的天体之一。虽然它们的体积很小，但它们的磁场和引力强得惊人，其引力足以弯曲光线。一颗主序星的质量要超过太阳质量的 8 倍，才能在超新星爆发后坍缩成一颗中子星。

除了核聚变产生的向外的压力，另一种支撑恒星核心的力是一种被称为电子简并压力的力量——这来自量子力学的一条规则，它表明电子强烈抗拒被挤压在一起。然而，如果超新星留下的核心质量大于太阳质量的 1.4 倍，那么即使是电子简并压力也无法抵抗如此极端的引力。核心将继续坍缩，压力将继续上升，创造出真正令人难以置信的天体。在坍缩核心的内部，物质不再是我们所熟悉的样子，那里没有元素，只有亚原子粒子。随着亚原子粒子所能占据的空间越来越小，它们被迫移动得越来越快，以便给彼此让路。质子和电子之间的碰撞导致它们合并形成中子，这几乎发生在坍缩核心中的所有物质上。当核心坍缩到直径约 20 千米时，它本质上只是一个中子球，只有少量的电子和质子幸存下来。这个致密球体的外层由普通物质组成，但这些物质已经被高度压缩，形成了厚约 1.5 千米的壳。中子星表面的引力

强度是地球表面引力强度的 1 000 亿倍，一个在地球上重 70 千克的人在中子星上称出来的质量将达 70 亿吨——但这将毫无意义，因为你会被压缩成只有几个原子那么厚。

绝大多数中子星很难被发现，尤其是当它们年老的时候。一旦中子星形成，它们就停止产生热量，并随着时间的推移缓慢地将热量辐射出去，越来越暗。我们只能通过这些老年中子星发出的非常微弱的红外线以及它们对经过附近的恒星可能产生的引力效应来发现其存在。然而，年轻中子星则表现得非常不同，它们会快速旋转并发出辐射束，这有助于我们确定它们的位置。1967 年，英国天文学家约瑟琳·贝尔·伯奈尔（Jocelyn Bell Burnell）发现了第一颗中子星（同时也是一颗脉冲星），该发现引起了相当大的轰动，被誉为"20 世纪最重大的科学成就之一"。这颗恒星向我们发出有规律的无线电脉冲，而人们当时对这种信号完全陌生，认为其可能是外星文明发出的信号，因此这颗恒星被命名为 LGM-1，意思是"小绿人"。不久之后，这个每 1.4 秒重复 1 次的无线电脉冲被确认来自脉冲星。脉冲星是一种快速旋转的中子星，它能够产生这种能量束。

密度

我们所知道的普通物质都是由原子组成的，其内部大部分空间都是空的，因为原子的几乎所有质量都集中在原子核。如果把一个原子放大到足球场那么大，那么原子核就像中线上的一颗弹珠那么大，而电子依旧不可见，因为它的直径甚至不到质子的千分之一，它正在球门线附近的某个地方快速运动。

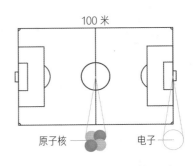

100 米

原子核 —— 电子

中子星之所以比普通物质密度大得多，是因为它们并非由原子组成。想象一下，假如上面提到的整个足球场都挤满了弹珠（原子核），那里的密度就与中子星相当了。如果把一个普通大小的火柴盒装满中子，它将重达 30 亿吨，相当于 0.5 立方千米（5 亿立方米）的地球物质。

0.5 立方千米的地球物质
（30 亿吨）

一火柴盒中子
（30 亿吨）

12.5 毫米
50.5 毫米
37.5 毫米

=

793 米
793 米
793 米

光线的引力偏折

中子星附近的引力非常强，它会改变周围的辐射路径，使光线弯曲。从观察者的角度看，这不仅会扭曲中子星之外天体的外观，也改变了它们本身的外观。当你从一个固定的位置观察一个球形物体时，你通常可以看到该物体总表面积的一半。但如果这个物体是一颗中子星，光在它周围弯曲的方式意味着你可能会看到物体另一面的部分区域。

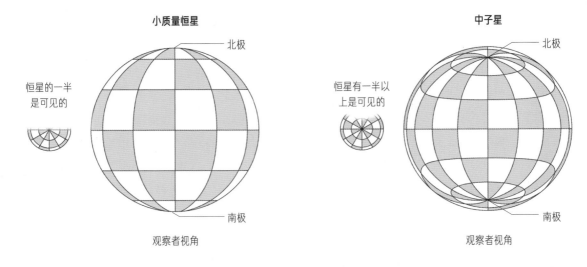

小质量恒星

北极

恒星的一半是可见的

南极

观察者视角

中子星

北极

恒星有一半以上是可见的

南极

观察者视角

脉冲星

中子星由于质量大、直径小，往往自转速度很快，但为什么会这样呢？角动量理论对这一点进行了解释，不过与其用数学公式来推导，我们不如用滑冰运动员来类比：如果在原地旋转的滑冰运动员收拢双臂，他们就会旋转得更快；如果他们展开双臂，他们的旋转速度就会变慢。中子星的质量远远大于滑冰运动员，而且作为一颗恒星，中子星的体积也相对较小，因此这种效应更加明显。在成为超新星之前，一颗恒星可能只有缓慢的自转，但在坍缩成中子星后，它可能每秒自转数百周。这种令人难以置信的自转速度也赋予了中子星强大的磁场。

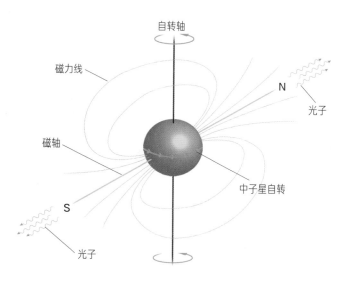

自转轴

磁力线

磁轴

N

光子

S

光子

中子星自转

中子星的强磁场加上它的快速自转，导致 2 束射电波段的辐射被发射到太空中。一束辐射从中子星的磁北极释放，另一束从它的磁南极释放，它们像灯塔投射的光束一样扫过宇宙。如果地球碰巧与这些光束相交，我们就会观察到规律闪烁的亮点，因此这些天体被称为脉冲星。

随着时间的推移，脉冲星的自转速度会逐渐减慢，因为它们发出的辐射会产生微小的制动力。一旦自转速度慢到让脉冲消失，这些天体就很难再被找到。

脉冲双星

有些脉冲星会与一颗伴星（可以是中子星、白矮星等）构成双星系统，它们被称为脉冲双星。如果这 2 个天体足够靠近，脉冲星强大的引力就可能从质量较小的伴星上掠夺物质。当额外的物质涌入脉冲星时，脉冲星的自转速度就会增大，从而产生更强的磁场，辐射束得到增强。

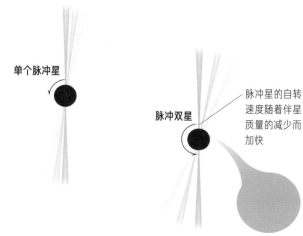

单个脉冲星

脉冲双星

脉冲星的自转速度随着伴星质量的减少而加快

黑 洞

黑洞无疑是宇宙中最令人震惊的天体,只有质量最大的一些恒星才会坍缩成这种奇特之物。黑洞的密度高得令人难以置信,其引力非常强大,任何物质甚至连光都无法从它附近逃脱。爱因斯坦的广义相对论预言了黑洞的存在,但黑洞很难被观测到,我们只能通过它们对其他天体的影响证实其存在。直到2019年,科学家才通过一个名为事件视界望远镜的全球射电望远镜网络首次捕捉到黑洞的直接图像。

如果超新星留下的核心质量超过太阳的3倍,那么将没有什么可以阻止物质坍缩。核心在克服了电子简并压力并把几乎所有物质转化为中子后,将继续坍缩。引力是如此之大,即使是密集的中子也无法抵抗,它们也会坍缩。当核心的直径缩小到某一临界数值时(3倍太阳质量的核心对应直径为18千米),其表面引力将变得非常强,甚至连光都无法逃脱。请想象一下,现在有一个空间区域,任何物质靠近它都会掉入其中,连光都无法幸免于难,这样的区域就像一个无底洞,我们称之为黑洞。

随着引力增强,一旦逃逸速度达到光速,就会出现一个事件视界。事件视界是黑洞的边界,它将黑洞隐藏起来。事件视界得名的原因很简单,在它之内发生的任何事件都是不可知的,因为该事件发出的光无法到达我们——它在我们的视界之外。在事件视界附近,光线会被扭曲,但如果光线沿着正确的方向传播,它可能会避免被拉进黑洞。因此,我们可以在事件视界周围看到一个光环,这是来自遥远恒星的光在黑洞周围弯曲的结果。如果黑洞从周围环境中吸取质量,坠向黑洞的物质在旋转时会变平并形成一个圆盘(吸积盘)。随着物质越来越接近黑洞,它们坠落的速度会增大,这反过来会产生大量的摩擦,释放出热辐射。由于光在事件视界周围扭曲,我们有可能看到吸积盘的远端,否则这些部分可能会被黑洞本身所遮盖。这在右侧的黑洞图片中得到了证明,包裹在事件视界顶部较厚的光带就是吸积盘的远端。

随着事件视界的出现,视界内的一切物质都会立即屈服于引力,所有物质都被挤压成一个无限小的点,称为奇点。这是一个理论上没有维度但密度无限大的点,在这里空间和时间被无限扭曲。随着越来越多的物质落入黑洞,它们总是会到达奇点,并被挤压成具有无限大的密度。虽然奇点将保持无限小,但额外的质量将增加黑洞的总质量,质量越大的黑洞就具有越广阔的事件视界。即便如此,一个10倍太阳质量的黑洞,其事件视界直径也只有60千米。

理解黑洞需要极其复杂的数学和物理知识,即使经过几十年的研究,科学家们仍然对其确切性质争论不休。人们认为它们可能会无限地存在下去,然而科学家已经证明,即使是这些异常致密的恒星残留物也会辐射出一些粒子,虽然辐射非常微弱。慢慢地,黑洞最终会蒸发,但它们将在老化的宇宙中存活到最后。

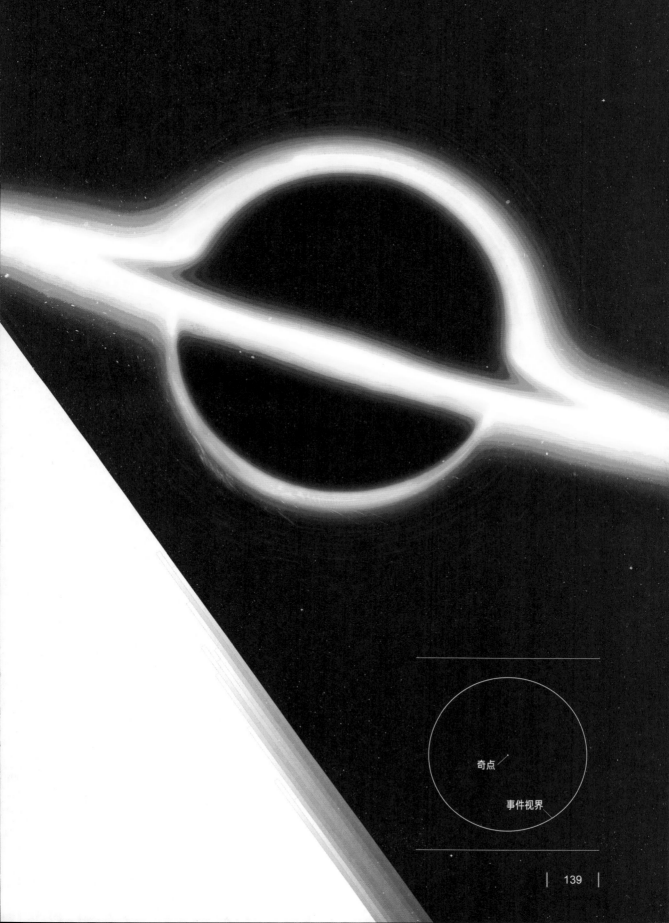

奇点

事件视界

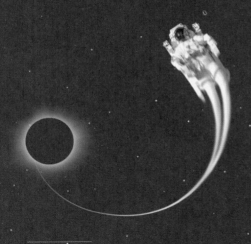

意大利面化

在讲述引潮力（第 10 页）时，我们研究了天体引力如何对轨道上物体较近的部分产生更强的引力，而对物体的远端产生较弱的引力。黑洞周围的引力也遵循同样的原理，只是呈现方式更加极端。如果你的双脚先落入黑洞，那么作用在你脚上的引力可能比作用在你头上的引力强几百万倍。你的脚会快速远离你的躯干，你的躯干又比你的头移动得更快，所以你的整个身体会变得细长。在坠入黑洞之前，你的整个身体会有几千米长，但宽度还不到一根头发。天文学家贴切地称之为"意大利面化"（spaghettification），这个过程发生在奇点附近。对于恒星质量黑洞（也叫恒星级黑洞，100 倍太阳质量以下的黑洞[1]），这种情况将发生在事件视界之外，所以你在到达这个神秘的边界之前就会被杀死。

---

① 一般把质量超过 10 万倍（也有说 100 万倍）太阳质量的黑洞称为超大质量黑洞或星系级黑洞，而介于恒星质量黑洞和超大质量黑洞之间的则是中等质量黑洞，其尚未被发现。此外，在宇宙早期还可能形成了一些微型黑洞。

宇宙吸尘器？

人们对黑洞有一个普遍的误解，那就是认为黑洞就像一台巨大的吸尘器，会吸走周围的一切，但这并不完全正确。尽管黑洞的引力异常巨大，但它们只吞噬那些非常靠近它们的物体。

在某个天体附近，一个物体感受到的天体的引力强度取决于天体的质量和该物体到天体中心的距离。太阳光球层的半径约为 70 万千米，我们最近也只能在离太阳中心 70 万千米处感受其引力强度。如果太阳的直径被压缩到 6 千米左右，它就会变成黑洞。在这个尺寸下，我们可以更接近它的中心，越接近中心，我们感受到的引力强度越大。

对遥远的物体来说，黑洞和与黑洞质量相等的恒星具有相同的引力效应。如果我们把太阳换成一个质量相等的黑洞，那么地球将以同样的方式继续公转。

太阳

70 万千米 28 倍

70 万千米 28 倍

与太阳质量相同的黑洞

太阳表面的引力强度是地球表面引力强度的 28 倍。如果太阳被压缩成一个黑洞，原来太阳表面位置处的引力强度保持不变

太阳

如果太阳被一个与其质量相等的黑洞取代，太阳系的天体将照常运行

与太阳质量相等的黑洞

地球

时空

爱因斯坦的相对论（第 11 页）证明了空间并不完全是空的，它更像是一种无形的结构，物质和能量被嵌入其中。我们所感知的引力实际上只是空间的扭曲，大质量天体扭曲了它们周围的空间，导致小质量天体以弯曲的路径围绕它们运行。爱因斯坦的理论还告诉我们，时空是一体的，空间和时间都不可能在不影响对方的情况下单独受到影响。因此，大质量天体不仅扭曲了它们周围的空间，也扭曲了时间。

对于靠近大质量天体的人来说，其时间流逝的速度要比远在深空（远离大质量天体）的人慢得多。这一点已经在地球上的实验中得到了证实：人们在不同海拔高度设置了非常精确的原子钟，结果发现海拔越高的原子钟运行得越快。

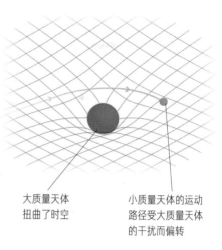

大质量天体扭曲了时空

小质量天体的运动路径受大质量天体的干扰而偏转

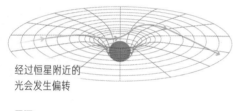

大质量恒星

经过恒星附近的光会发生偏转

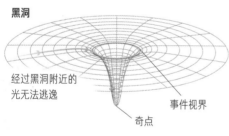

黑洞

经过黑洞附近的光无法逃逸

事件视界

奇点

由于黑洞的极端引力会极大地扭曲时空，所以在事件视界处，时间基本上就静止了。如果你掉入一个黑洞，对你来说时间是正常流逝的，你只是掉进去，然后被吞噬掉。现在，假设你拿着一个可以被远处的观察者看到的时钟，当你掉进去的时候，他们会看到钟走得越来越慢，甚至停止。对他们来说，你的坠落会永远持续下去，当你发出的光无法逃脱引力时，你会从他们的视野中消失。

从你的角度来看，发生的事情更奇怪。你会看到相反的结果——宇宙的进程迅速加快。当你到达事件视界时，所有的时间都成为过去。永恒将在你眼前瞬间上演，随后你将在一闪而过的高能辐射中被毁灭。

霍金辐射

斯蒂芬·霍金（Stephen Hawking）第一个意识到黑洞实际上会发出极少量辐射。这是因为即使在真空中，成对的粒子和反粒子也会不断地突然出现并相互湮灭。当这一过程发生在事件视界边缘时，粒子对中的一个粒子可能会被黑洞吞噬，另一个则被抛向太空，同时从黑洞中带走一些能量。虽然这种影响微不足道，但它确实可以导致黑洞缓慢蒸发——一个质量相当于太阳的黑洞需要 10^{64} 年才能完全蒸发。

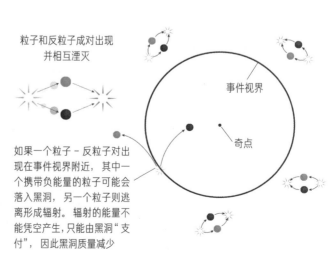

粒子和反粒子成对出现并相互湮灭

事件视界

奇点

如果一个粒子-反粒子对出现在事件视界附近，其中一个携带负能量的粒子可能会落入黑洞，另一个粒子则逃离形成辐射。辐射的能量不能凭空产生，只能由黑洞"支付"，因此黑洞质量减少

恒星的生命周期

所有的恒星都起源于稀薄气体云的坍缩，它们的命运取决于它们在这个过程中吸积到的物质的多少。这里对恒星的生命周期进行了大致总结，从中可以看到各种质量恒星的命运。

大质量恒星
大于 8 倍太阳质量

大质量恒星很明亮，但其核心燃烧氢的过程一般只能持续不超过 2 000 万年

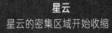

星云
星云的密集区域开始收缩

原恒星
引力将物质聚集在一起，形成原恒星。温度上升，但核聚变还没有发生

中等质量恒星
大于 0.5 倍太阳质量且小于 8 倍太阳质量

中等质量恒星在核心燃烧氢的过程会持续几千万到几百亿年

小质量恒星
小于 0.5 倍太阳质量

小质量恒星聚变氢的速度非常慢，可以在数万亿年的时间里发出昏暗的光芒

黑洞

如果剩余的核心质量大于太阳的 3 倍，那么就会形成黑洞

红超巨星（或蓝超巨星）

当壳层的氢开始燃烧时，恒星逐渐膨胀成一颗红超巨星（蓝超巨星），并聚变出较重的元素

超新星

当铁在核心产生时，恒星就会坍缩并爆发成超新星，将物质抛向太空

中子星

如果剩余的核心质量小于太阳的 3 倍，那么就会形成中子星

红巨星

当氢开始在核心周围的壳层中燃烧时，恒星逐渐膨胀成红巨星。随着红巨星燃料的减少，它的外层会被吹走，形成行星状星云

白矮星

在氢和氦的壳层都停止聚变后，恒星坍缩成一颗白矮星

黑矮星

在几万亿年的时间里，白矮星将其所有的热量辐射出去，形成黑矮星

红巨星（或蓝矮星）

0.25 ~ 0.5 倍太阳质量的恒星会演化成红巨星，0.08 ~ 0.25 倍太阳质量的恒星则演化成蓝矮星

白矮星

当核聚变停止时，恒星坍缩成一颗温度高、密度大、光度低的白矮星

黑矮星

白矮星逐渐将所有的热量辐射出去，变成黑矮星

一些体积巨大的恒星

那些演化成超巨星的恒星只会以这个状态存在很短的时间，然后就以超新星的形式爆发了，所以超巨星非常罕见。由于膨胀得太大，所以巨星和超巨星的表面温度相对较低，然而，它们巨大的体积意味着它们很亮。为了展示这些庞然大物到底有多巨大，这里进行了适当的对比。

木星
139 822 千米

太阳
1 393 000 千米

大犬座 VY
1 980 000 000 千米

参宿四
1 250 000 000 千米

比例尺：10 亿千米

盾牌座 UY
2 370 000 000 千米

比例尺：100 万千米

天狼星 A
2 380 000 千米

大角星
35 400 000 千米

比例尺：
1 000 万千米

天狼星 A
2 380 000 千米

毕宿五
61 500 000 千米

参宿四
1 250 000 000 千米

心宿二
975 000 000 千米

手枪星
426 000 000 千米

毕宿五
61 500 000 千米

比例尺：10 亿千米

图中显示的尺寸
是恒星的直径

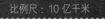

非主序星

到目前为止，我们已经知道了主序星在赫罗图上的位置，以及太阳在其生命的各个阶段于图上所走的路径。现在我们再次使用该图，不过将重点放在非主序星和它们所属的类别上。

超巨星

超巨星位于赫罗图顶部附近的一条水平带上，蓝超巨星位于左侧，红超巨星位于右侧。它们曾经是主序星（质量至少是太阳的 8 倍），但它们已经不在核心燃烧氢，目前已经离开了主序。随着核聚变开始在离核心更远的地方发生，恒星的外层膨胀得非常巨大。超过 25 倍太阳质量的恒星将演化成蓝超巨星，它们的温度和亮度都非常高，这也意味着它们寿命很短，因此非常罕见。尽管红超巨星的质量不及蓝超巨星，却可以比蓝超巨星膨胀得更大，导致其表面温度更低。

巨星

巨星位于主序带的右上方，这里的恒星曾经是小质量或中等质量的主序星（0.25 ~ 8 倍太阳质量）。像超巨星一样，巨星已经停止在其核心燃烧氢，核聚变在核心周围的壳层中发生。由于巨星的质量比超巨星小，所以它们既没有超巨星大，也没有超巨星亮。

白矮星

位于图中左下角的是又小又致密的白矮星。这些天体是耗尽燃料的恒星的残骸，它们的质量不足以形成超新星。它们的内部没有核聚变发生，仅有的一点光度来自其热辐射。

褐矮星

主序带中质量最小的一些恒星位于图片的右下方，而再往下就是褐矮星，这些"失败的"恒星从未获得足够的质量来引发氢聚变。它们的低光度源于氘（和锂）的缓慢聚变以及辐射剩余热量。

黑洞和中子星没有出现在赫罗图上，因为它们不发光。

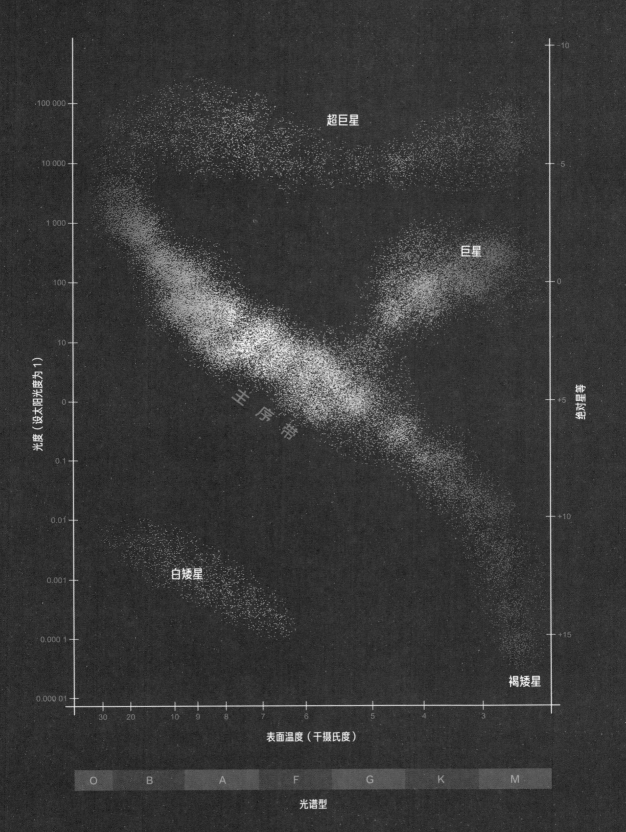

超巨星

巨星

白矮星

褐矮星

光度（没太阳光度为 1）

绝对星等

100 000

10 000

1 000

100

10

0

0.1

0.01

0.001

0.000 1

0.000 01

−10

−5

0

+5

+10

+15

30 20 10 9 8 7 6 5 4 3

表面温度（千摄氏度）

| O | B | A | F | G | K | M |

光谱型

多星系统

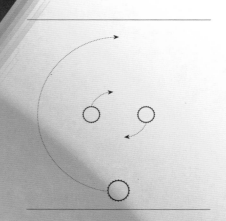

我们可能认为夜空中的许多光点都是独立的恒星，但实际上，它们大多数并不是像太阳那样单独存在的恒星，而是多星系统[①]。在多星系统中，大多数是由2颗恒星构成双星系统，其他的则是由3颗或更多颗恒星聚集在一起构成的三合星系统、四合星系统以及其他多星系统。在我们地球上用肉眼看来，多星系统中的恒星通常作为整体呈现为一个单独的光点，因为我们根本无法从这么远的地方识别出其中单个的光源。我们在夜空中看到的多达五分之四的光点都属于多星系统。

尽管多星系统可能由不同恒星之间通过引力相互捕获而产生，但这种情况发生的可能性非常小。由于属于多星系统的恒星数量庞大，它们的形成方式一定更为普遍。一般来说，同一个多星系统中的恒星都是同时从同一片分子云中诞生的，这些分子云在凝聚时分裂成了碎片。尽管这些恒星是同时被创造出来的，但是它们的演化进程很可能会有很大不同，这取决于它们能够收集到多少物质。我们知道，质量是决定恒星特征的最重要因素，影响着它们的温度、大小和寿命。如果恒星形成时彼此足够接近，当它们各自演化到不同阶段时，就可能会以各种方式相互作用。例如，在恒星的生命接近尾声时，它经常会大幅膨胀，这颗恒星的外部可能会膨胀到离它的伴星足够近的地方，伴星就会开始从它身上吸取物质。

在某些情况下，双星系统中的2颗恒星可以非常接近，以令人难以置信的速度围绕彼此

旋转，然后走向合并。对于距离太近而无法分辨的双星，即使借助望远镜，也需要光谱学等技术的帮助来分析光线。如果有多个光源，通过这些方法获得的数据将表明它们的存在。在一些情况下，双星之间相距数万个天文单位，肉眼可以清楚地分辨，它们的公转周期长达几百年甚至几千年。

正如我们前面所看到的（第137页），脉冲星和其伴星被称为脉冲双星，如果这2颗恒星足够接近，那么质量较大的脉冲星可能就会从质量较小的伴星上获取物质。在2016年，第一颗以白矮星而非中子星为特征的发出规律脉冲的双星系统被发现。这个名为天蝎座AR的双星系统由1颗白矮星和1颗红矮星组成，它们之间的轨道距离约为140万千米，只有地月距离的大约3倍，这2颗恒星围绕彼此的公转周期只有3个半小时多一点。由于白矮星密度比中子星小得多，所以它们自转的速度要慢得多，天蝎座AR的白矮星自转1周需要近2分钟。随着自转，白矮星的磁场（比地磁场强10万倍）会在伴星中产生巨大的电流，由此产生了光的波动，我们可以探测到它有规律的脉冲。

虽然天文学家已经探测到了围绕双星系统运行的行星，但它们不如在单星周围那样常见。开普勒空间望远镜的观测表明，大多数类似太阳的单星都有许多行星，而只有三分之一的双星系统有行星。围绕双星系统运行的行星上不太可能出现生命，因为生命需要相对稳定的条件才能生存。双星系统的行星白天可能同时处于2个"太阳"的耀眼光芒下，行星表面会非常灼热，而夜晚则可能会被其中1个"太阳"的出现打乱。由于2颗恒星相互环绕的性质，它们与行星之间的距离也不是固定的，从而导致热量和辐射的进一步波动。

---

① 多星系统通常指包含3颗及3颗以上恒星的系统，这里作者将双星系统也包含在内了。

天狼星 A & B

天狼星 A

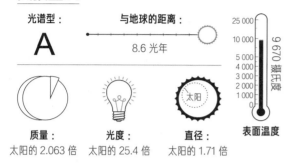

光谱型：
A

与地球的距离：
8.6 光年

9 670 摄氏度

表面温度

质量：
太阳的 2.063 倍

光度：
太阳的 25.4 倍

直径：
太阳的 1.71 倍

天狼星 B

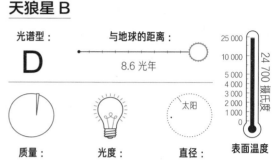

光谱型：
D

与地球的距离：
8.6 光年

24 700 摄氏度

表面温度

质量：
太阳的 1.018 倍

光度：
太阳的 0.056 倍

直径：
太阳的 0.008 4 倍

天狼星是夜空中最亮的恒星，因此在一些最早的天文记录中就有出现。早在数千年前，这颗星星就被古埃及人奉为守护土地肥沃的女神。与许多其他恒星一样，由于太阳穿过天空的路径随着季节的变化而变化，因此天狼星周期性地被太阳的光芒遮住。一般我们会在黎明前或日落后看到天狼星，但在每年的一段时间里，太阳的亮度会使天狼星消失在天空中。而天狼星在黎明的天空中再次出现的时间，正好是尼罗河每年开始泛滥的时候，这会带来肥沃的泥土，因此天狼星成为土地肥沃的代名词。对古希腊人来说，这颗星星的到来预示着炎热、干燥的夏季的开始。古罗马人会用动物作为祭品祭祀天狼星，以期望这颗星星为他们提供健康的农作物。除了上述提到的文化，耀眼的天狼星还在许多其他文化中扮演了重要的角色。想想看，天空中一个闪烁的光点，却影响了千百万人的生活和行为，这一点真是令人惊叹。

尽管我们从人类文明诞生之初就知道天狼星的存在，但直到 1844 年才发现它其实是一个双星系统。在研究它的运动时，德国天文学

家弗里德里希·贝塞尔（Friedrich Bessel）注意到它偏离了预测的轨道。他正确地做出了推断，这颗恒星（天狼星 A）一定有一颗看不见的伴星在影响它的轨道。然而直到十几年后，美国望远镜制造商和天文学家阿尔万·格雷厄姆·克拉克（Alvan Graham Clark）才直接观测到了这颗神秘的伴星。

这颗体积很小的伴星被称为天狼星 B，是一颗暗淡的白矮星。由于天狼星 B 发出的光实在太微弱，我们直到 2005 年才通过哈勃空间望远镜收集的数据准确测定了它的质量。目前，这颗恒星的质量略大于太阳，这使它成为已知的质量最大的白矮星之一，但它的体积比地球还小一些。天文学家认为，当天狼星 B 第一次发光时，它的质量相当于 5 个太阳，比它的伴星天狼星 A 要大得多。大约 1.24 亿年前，天狼星 B 在从红巨星变成白矮星的过程中释放出了大量物质，只留下了炽热、致密的核心。

这 2 颗恒星中较大、较亮且更为人所熟知

的是天狼星 A，其核心仍在发生氢聚变。它的质量大约是太阳的 2 倍，光度大约是太阳的 25 倍，它作为主序星的时间预计会持续大约 10 亿年，目前已经度过了四分之一。在脱离主序后，天狼星 A 将进入红巨星阶段，然后像它的伴星一样成为一颗白矮星。目前，这对双星每 50 年围绕彼此旋转 1 周。

2003 年哈勃空间望远镜拍摄的图像。天狼星 A 位于中央，左下方的亮点是天狼星 B

星 座

北半球

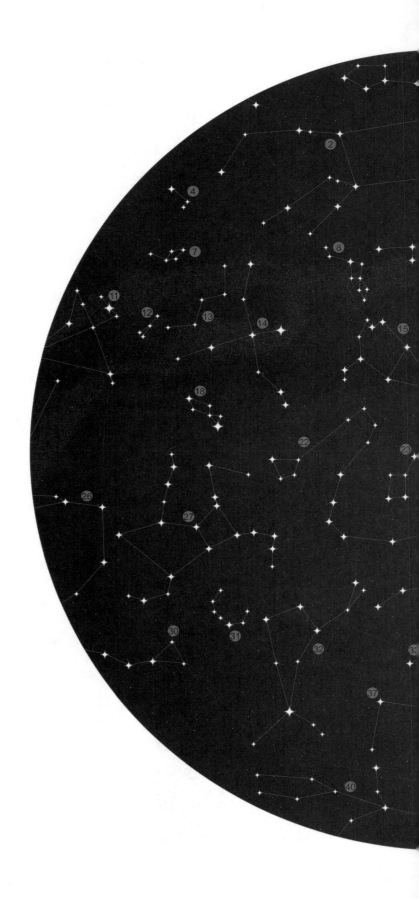

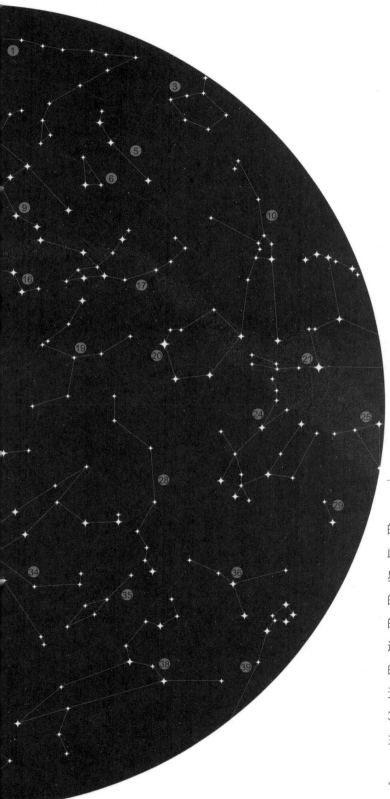

识别周围世界的模式是人类天性的一部分，对夜空中星星的探索也是如此。自人类文明诞生以来，我们就在群星间绘制出代表神、英雄、神话动物等的图像。最早的星座是由美索不达米亚的苏美尔人和巴比伦人编制的，然后传递给古希腊人和古罗马人，他们将自己的神话人物也编入其中。今天，国际天文学联合会承认了 88 个星座，其中 36 个主要位于北方天空，另外 52 个主要位于南方天空。

* 表示星座与南半球重叠

南半球

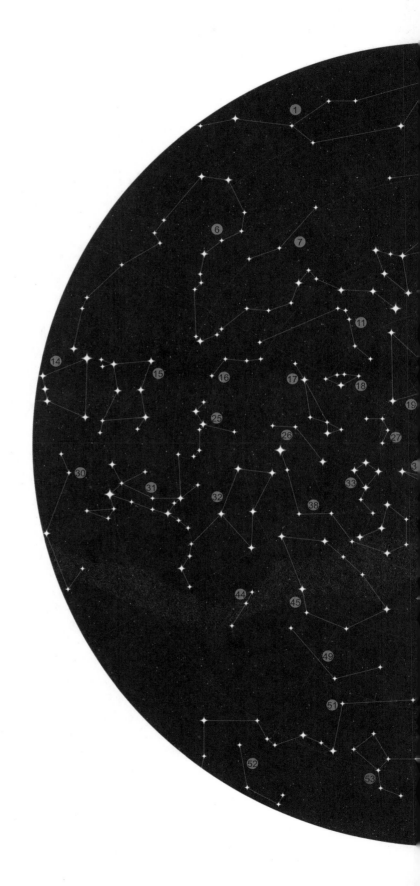

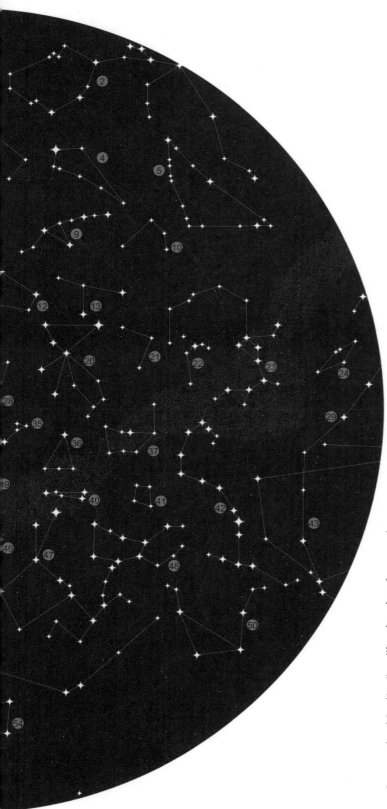

恒星给我们一种永恒的感觉，它们在夜空中的位置非常固定——尽管我们知道事实并非如此。恒星都在相对我们移动，它们在天空中形成的图案也在缓慢地变化，因此，我们今天所熟悉的星座不会永远存在下去。几万或几十万年后的地球人将需要发明他们自己的标志和符号，因为到那时我们的标志和符号将被扭曲得无法辨认。

* 表示星座与北半球重叠

> "**我不想相信，
> 我想知道。**"

——卡尔·萨根（Carl Sagan，1934—1996）

系外行星

其他世界

  长久以来，人类一直想知道，在我们夜晚所看到的星星之中是否存在其他世界。现在看来，这个问题的答案是肯定的，但曾经却有人为此付出了沉重代价。

  16 世纪，意大利哲学家焦尔达诺·布鲁诺（Giordano Bruno）试图推进哥白尼的日心说，即认为宇宙的中心是太阳而非地球的学说。他认为其他恒星就像我们的太阳一样，

可能也有行星围绕它们旋转。为此，他被捕入狱，被罗马宗教裁判所判为"异端"，绑在火刑柱上烧死。

  幸运的是，在近 400 年后，科学家证实了这些遥远世界的存在。证据确凿，不再有意见分歧，也再没有人会因此被烧死。我们目前已经发现了数以千计的系外行星和数百个拥有不止 1 颗行星的行星系统，这证明拥

有多颗行星的太阳系并不是一个特例。事实上，我们对系外行星以及它们的轨道和母恒星了解得越多，就越能了解我们太阳系的演化和动力学信息。

在科技进步的推动下，我们正在越来越快地发现系外行星。既然行星比恒星还要多，那么寻找像我们这样的行星世界和地外生命，自然成了天文学的头等大事。

行星是如何形成的

就像我们居住的太阳系一样，行星系统是从比自身大很多倍的巨大分子云中衍生出来的。通过吸积过程（第 10 页），这些分子云中稀疏分布的物质终有一天会变成一个有序的行星系统，中心会有一颗新的恒星闪闪发光。这一理论被称为星云假说，由德国哲学家伊曼努尔·康德（Immanuel Kant）在 18 世纪首次提出。虽然为了适应最新的观测结果，这个理论被修改过几次，但它的基本原理仍然完好无损。

2. 星云的中心区域成为最致密的地方，一颗原恒星开始发光。随着星云进一步收缩，它旋转得更快，导致自身变平，成为一个原行星盘

1. 一团主要由氢、氦以及含有较重元素的尘埃颗粒组成的分子云，在引力作用下开始收缩。随着气体和尘埃被吸向中心，星云慢慢旋转

5. 原恒星变成了一颗成熟的恒星，它发出的辐射吹走了大部分剩余的气体和未被吸积的尘埃

3. 原行星盘不是完全均匀的，引力使它凝聚成一个个环。在环内，小粒子开始吸积形成星子

4. 星子互相吸引和碰撞，行星从环中形成

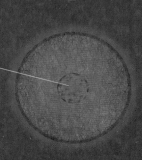

由于小天体撞击行星会产生热量，因此行星会在成长过程中升温。当一颗行星变成熔融状态时，密度较大的元素如铁、镍会下沉到核心形成金属核

如果一颗行星的质量增大到比火星稍大一点，那么它就有可能拥有稳定的大气

这个理论很好地解释了为什么太阳系的行星几乎都在同一个平面上运行，因为它们都是从同一个扁平圆盘中形成的。所有行星的轨道倾角彼此相差只有几度，它们也与太阳的赤道面基本对齐。该理论还解释了为什么所有的行星都以相同的方向围绕太阳旋转，因为这也是原行星盘旋转的方向。对太阳系以外其他行星系统的观测也支持了星云假说。

行星的类型

行星的特征可以追溯到它在原行星盘中的起源。化学组成、温度、公转周期以及大气或磁场的存在都是行星形成环境的产物——灾难性事件除外。虽然行星的特征五花八门，但我们可以将具有相似属性的行星进行归类。

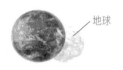

地球

超级地球
一般认为超级地球的质量上限为地球质量的 10 倍，而质量下限没有明确标准，从地球质量的 1 倍到几倍不等。超级地球这个名字并不意味着它的环境条件或宜居性与地球相似

海王星

迷你海王星
它们也被称为气态矮行星，有很厚的由氢和氦组成的大气，可能还有厚厚的冰层、岩石或液体海洋。它们的质量比海王星小，但比地球大得多

巨行星
巨行星通常主要由气体或冰组成（气态巨行星），但也可以主要由岩石组成（巨型地球）。不管它们的成分如何，巨行星通常都有由氢和氦组成的很厚的大气

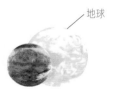

地球

亚地球
质量远小于地球的行星

谷神星　　　　水星

中介行星
比水星小但比谷神星大的行星

矮行星
这些行星足够大，可以通过自身引力将自己拉成球形，但还没有能力清除轨道上的其他天体和碎片

类地行星
它们也被称为岩质行星，主要由硅酸盐岩石或金属组成

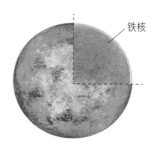

铁核

富铁行星
一种主要由富含铁的核心组成的类地行星，幔很少或没有幔，如水星

硅酸盐行星
一种主要由硅酸盐岩石组成的类地行星

沙漠质行星
一种水很少或没有水的类地行星

熔岩行星
一种表面被熔岩覆盖的高温类地行星

海洋行星
一种相当一部分质量是水（有时是其他液体）的行星

冰冻行星
一种表面覆盖着水冰或其他冰物质的行星

没有铁核

无核行星
没有铁核的行星

行星系统

在首次发现系外行星之前，人们普遍认为，我们可能发现的任何行星系统的结构都会与太阳系类似。截至 2022 年 9 月，我们已经发现并确认了 3 000 多个行星系统，现在我们知道自己曾经大错特错了。事实证明，行星系统的类型极其多样——就像行星本身一样多样。

环双星行星
围绕 2 颗恒星运行的行星

双行星
大小接近、相互绕对方运动的 2 颗行星

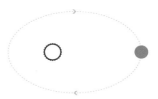

偏心木星
沿扁长轨道围绕其母恒星运行的气态巨行星

热木星
轨道非常靠近母恒星的一种气态巨行星，也正因如此，它的大气温度很高。由于距离母恒星很近，所以它们可以在几天内完成 1 次公转（木星需要 10 年以上）

热海王星
质量与天王星或海王星相似的气态巨行星，它的轨道接近母恒星，轨道半径通常在 1 AU 以内

流浪行星
也被称为星际行星或孤儿行星，这些行星是从其原来所在的行星系统中被抛射出来的，或者从未被恒星引力束缚过

行星迁移

人们认为，气态巨行星通常是在原行星盘的外围形成的，但在某些情况下，它们会朝着母恒星向内迁移。这其实是它们在行星系统形成早期通过与原行星盘中其他天体的相互作用实现的。例如，在气态巨行星的轨道上形成的较小的行星或星子，在某个时期离它过近时，会被气态巨行星的引力抛离恒星，造成的结果是气态巨行星被推向恒星，这符合牛顿第三定律。通过这种方式，它可能会踏上一条通往内太阳系的道路。在那里，它向内的迁移之旅可能会因与其他天体的相互作用而进一步受到影响。

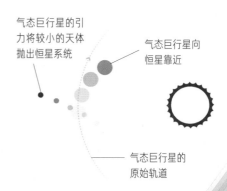

气态巨行星的引力将较小的天体抛出恒星系统

气态巨行星向恒星靠近

气态巨行星的原始轨道

我们的太阳系

太阳系的行星似乎被分成了 2 个截然不同的群体，内侧的小型岩质行星和遥远的气态巨行星。这仅仅是巧合，还是存在某种必然？

在太阳系形成早期，那些离原恒星较近的行星的温度要比远处的行星高得多。热量使由水、氨、甲烷等组成的冰物质无法存在，只留下了高密度的岩石物质。此外，由于这些行星的质量较小，初始温度较高，所以它们无法直接从周围的星云中捕获并保留很轻的气体（如氢和氦）。

在离太阳更远、更冷的区域，冰物质能够与较重物质的混合物凝结在一起，形成行星的巨大核心。核心的巨大质量使它们能够捕获周围大量的氢和氦，因此它们成长为我们今天看到的气态巨行星。

在我们的太阳系中，如果冰物质位于距离太阳约 5 AU 的范围内，太阳的热量会使它们融化。处于此临界位置的一条假想的线被称为霜线（也称雪线），在霜线之外，冰可以以固态存在。

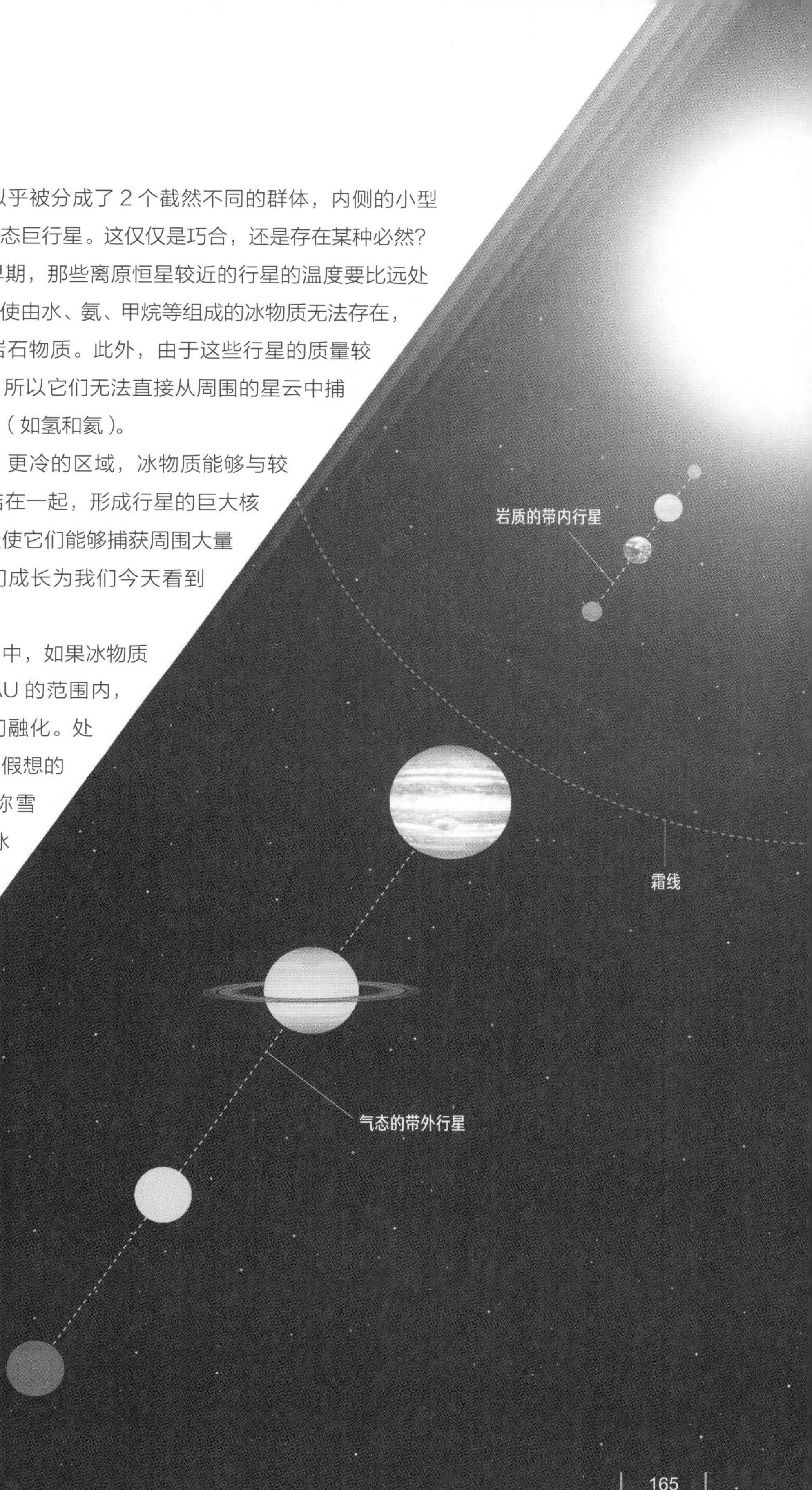

岩质的带内行星

霜线

气态的带外行星

探测系外行星

1992 年，亚历山大·沃尔兹森（Aleksander Wolszczan）和戴尔·弗莱尔（Dale Frail）首次证实了系外行星的存在。这 2 位天文学家在波多黎各的一个天文台一起工作时，发现了一颗新的脉冲星，其每分钟自转接近 1 万周。但这颗脉冲星与以往发现的有些不同，它发出的快速、有规律的无线电脉冲出现了异常——每隔一段时间，它就会跳过一拍。在发现这种脉冲丢失的现象后，他们推断是一颗行星遮挡了脉冲星的能量束。每错过 1 次脉冲，他们就知道这颗行星已经公转了 1 周，并且它此时正处于地球和脉冲星之间。这 2 位天文学家甚至根据计时信息估算出了这颗系外行星的质量。

自从沃尔兹森和弗莱尔的重大发现以来，人类已经开发出了许多新技术来寻找遥远的系外行星。虽然我们现在成功地对系外行星进行了直接成像，但大多数新技术还是依靠间接方法来证明系外行星的存在。你可能会认为我们对系外行星的搜寻已经很熟练了，因为我们已经在太阳系外发现了数千颗行星。实际上，虽然有了一些比较成熟的技术，但系外行星的隐蔽性意味着我们更可能观测到那些更大、更亮、更热的气态巨行星，而非那些较小的岩质行星，或是那些远离恒星、隐藏在黑暗中的行星。

系外行星的不断发现进一步激发了人们对地外生命的兴趣。既然系外行星并不罕见，那么地外生命存在的可能性似乎也就更大了。平均而言，每颗恒星都有 1 颗以上的行星，这意味着仅我们的银河系就有超过 1 000 亿颗行星。其中一些行星上是否存在地外生命？虽然目前还没有发现任何相关的证据，但是我们仍然满怀希望。

如果条件合适，我们在地球上只用肉眼就可以看到太阳系中的大多数行星。与系外行星一样，这些行星仅通过反射光线发光，并且比照亮它们的母恒星暗很多。即使是我们太阳系最大的行星——木星，其亮度也仅约为太阳的十亿分之一。我们之所以能够看到这些太阳系中的行星，是因为它们距离地球很近。这就不难理解为什么位于数光年之外的行星很难被发现了。更糟糕的是，这些又小又暗的系外行星通常会被其母恒星的强光所遮蔽，因此很难被直接观测到。要想发现系外行星，我们需要更多巧妙的方法。

系外行星探测方法

　　现在的天文学家通常结合各种各样的技术来确认系外行星的存在并对其进行定位。这里将介绍几种最常用的方法。

凌星法

　　当一颗绕恒星运行的行星从它前面经过时，会导致我们接收到的恒星的光线强度出现非常微弱的下降。因此，天文学家可以通过观察一颗恒星亮度的周期性下降来推断系外行星的存在并得到这颗行星的公转周期，然后综合数据来估计它的直径和质量。这种方法的一个缺点是，它只有在被观察的行星系统正对着我们时才可以使用，这样行星才会从我们和恒星之间经过。

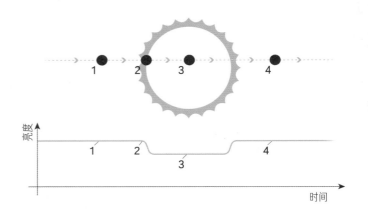

多普勒光谱法

　　当行星在恒星引力的作用下围绕其旋转时，行星对恒星也会施加一个相对较小的引力，被引力牵引的恒星以自己的小圆周运动作为回应。恒星运动的圆圈很小，更像是在"摇晃"，有时向我们移动，有时远离我们。当恒星向我们移动时，光线会发生蓝移（第 99 页），反之光线会发生红移，光线的这种变化可以用非常精确的光谱仪测量。根据红移 / 蓝移的情况，可以计算出行星的公转周期，并推算出其质量。

恒星远离地球

看不见的行星

光线发生了红移

恒星靠近地球

光线发生了蓝移

引力透镜法

如果 2 颗恒星几乎与地球完美地排成一条直线，那么较近恒星的引力会使来自较远恒星的光线发生弯曲，并提升较远恒星的亮度（从地球上看）。当一颗行星围绕较近的恒星（或称之为透镜恒星）运行时，它也会对透镜的效果产生一定影响。天文学家可以通过测量这些影响来确定这颗行星的轨道距离和其他特征。

因为恒星和地球在发生相对运动，所以像这样的排列方式不会持续很长时间，也许只是几天或几周。虽然这种方法只在很短的一段时间内有用，但它的优势是能够找到像地球这样的小质量行星。

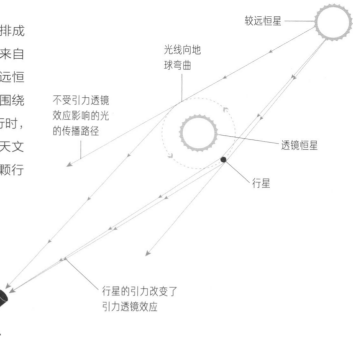

较远恒星

光线向地球弯曲

不受引力透镜效应影响的光的传播路径

透镜恒星

行星

行星的引力改变了引力透镜效应

直接成像法

系外行星与恒星相比非常暗淡，因此很难被直接观测到。科学家通常是利用系外行星发出的红外辐射来成像的，这意味着系外行星的温度越高，越容易被发现。较大的行星也更容易以这种方式找到，还有那些离恒星足够远的行星，它们不会隐藏在恒星的强光中。直接成像法可以弥补以上 3 种间接方法无法"直接看到"系外行星的遗憾，但只适用于距我们相对较近的恒星系统，并且还存在其他限制。

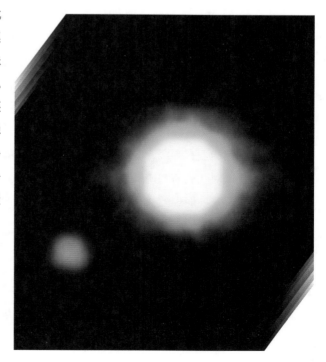

这张合成图像由欧洲南方天文台于 2004 年拍摄，是第一张系外行星的直接图像。中间的恒星是一颗褐矮星（这里用亮白色表示），左下方的天体是一颗气态巨行星 2M1207 b，其质量大约是木星的 8 倍。该行星具有相当大的质量，引力收缩使其变得炽热，它的表面温度达到 1 300 摄氏度。它围绕母恒星运行的距离与冥王星围绕太阳运行的距离相似

地外生命

我们在宇宙中是否孤独？这是人类思考的终极问题之一。因此，当谈到行星时，我们自然对那些适合生命存在的行星最感兴趣。

在寻找宜居行星时，科学家们一般优先考虑岩质行星。当然，在气态巨行星的高空云层中也有可能出现简单生命，但由于气态巨行星引力过大，也没有固态表面，一般认为生命很难在气态巨行星上蓬勃发展。不过，围绕气态巨行星运行的岩质卫星有可能孕育生命。在太阳系中，木卫二便是一个潜在对象。这颗卫星围绕我们太阳系最大的气态巨行星——木星运行，它比月球略小，表面覆盖着一层坚硬的冰壳，冰壳下被认为存在着一片水的海洋。由于海洋被引潮力（第 10 页）引起的内部摩擦所加热，因此它保持着液态，同时引潮力也驱动着海洋中的水流，这里会是离我们最近的地外生命所在地吗？

据我们目前所知，生命需要水，至少地球上的一切都是如此。这并不是说地外生命与我们的生物化学组成没有不同，但在寻找宜居行星时，我们应该对我们所知道的生命必需条件有所坚持。所以，我们想要找到一颗有水的行星，且水必须以液态的形式存在，这样才能被生物利用。该行星的温度要合适，这样水才不会沸腾变成水蒸气或冻结成冰。利用光谱分析和其他方法，天文学家能够确定行星上是否有水存在，并判断出它是否为液态的。

如果一颗行星的轨道距离母恒星非常近，那么它的温度太高，液态水不可能存在；如果它距离母恒星太远，那么所有的水都会结冰。因此，行星与恒星之间必须有一个理想的距离，这样液态水才能存在。符合这种情况的区域既不能太热，也不能太冷，这种恰到好处的区域被称为金凤花姑娘区（Goldilocks Zone），或者更通俗地称为宜居带。这个区域与恒星的距离取决于恒星的温度，恒星温度越高，宜居带就离它越远。温度的稳定性也非常重要，因为极端的温度不利于液态水和生命的存在。这方面的一个例子是具有扁长轨道的行星，它们在一个公转周期中有时会过于靠近母恒星，有时又会离得太远。另一个例子是自转缓慢的行星，它们面对母恒星的一面长期被高温烘烤，而另一面长期处在黑暗中。

除了水、温度和这颗行星是否为类地行星，还有其他因素需要考虑。例如，大气的存在很重要，因为如果没有一定的大气压，水就会变成水蒸气。行星自身的磁场是另一个优势，它有助于保护生命免受潜在的危及生命的辐射。

天文学家认为有一种方法可以帮助我们确定行星上是否有生命，那就是大气中的氧气含量。在 20 多亿年前的地球，海洋和大气中的氧气含量突然增加，这就是所谓的大氧化事件。这种现象是由一类原始生命的出现造成的——

它们似乎是凭空出现的。虽然氧气确实可以在
某些行星的大气中自然存在，但氧气容易与其
他化学物质发生反应，因此它的含量总是很低。
只有当生命存在时，我们才能检测到像在地球
上一样的高浓度的氧气。

地基天文台

　　在 19 世纪末之前，几乎所有的天文台都位于海拔不高的地方，通常靠近城市和教育机构，原因很简单，就是为了方便。随着工业化造成的空气污染和人工照明造成的光污染日益严重，天文学家们开始寻找天空晴朗且黑暗的偏远地区作为天文台台址，自然而然地，他们被吸引到了山区。

　　高海拔地区是进行光学天文学研究的理想场所，这些地区的空气相对稀薄，而且空气中的水蒸气、烟尘、湍流活动等影响清晰度的因素也较少，可以提供最佳的观测效果。符合现代天文台选址标准的地点包括美国西南部和夏威夷岛、非洲西北部海域的加那利群岛以及南美洲的安第斯山脉等。

C 宇宙线
G γ 射线
X X 射线
UV 紫外线
◉ 可见光
IR 红外线
M 微波
R 无线电波

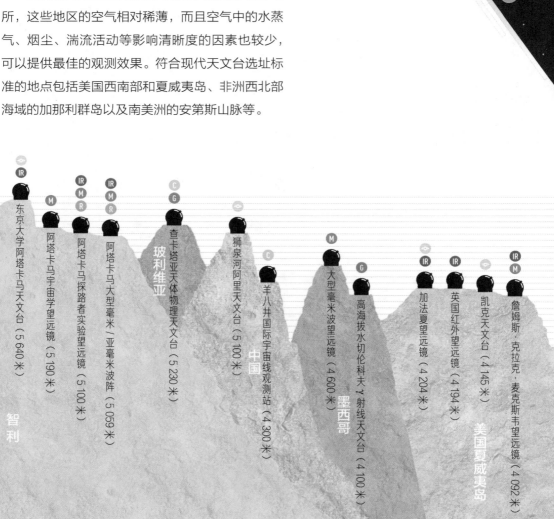

图中数字表示各个地基天文台的海拔高度

东京大学阿塔卡马天文台（5 640 米）
阿塔卡马宇宙学望远镜（5 190 米）
阿塔卡马探路者实验望远镜（5 100 米）
阿塔卡马大型毫米/亚毫米波阵（5 059 米）
查卡塔亚天体物理天文台（5 230 米）
狮泉河阿里天文台（5 100 米）
羊八井国际宇宙线观测站（4 300 米）
大型毫米波望远镜（4 600 米）
高海拔水切伦科夫γ射线天文台（4 100 米）
加法夏望远镜（4 204 米）
英国红外望远镜（4 194 米）
凯克天文台（4 145 米）
詹姆斯·克拉克·麦克斯韦望远镜（4 092 米）

智利
玻利维亚
中国
墨西哥
美国夏威夷岛

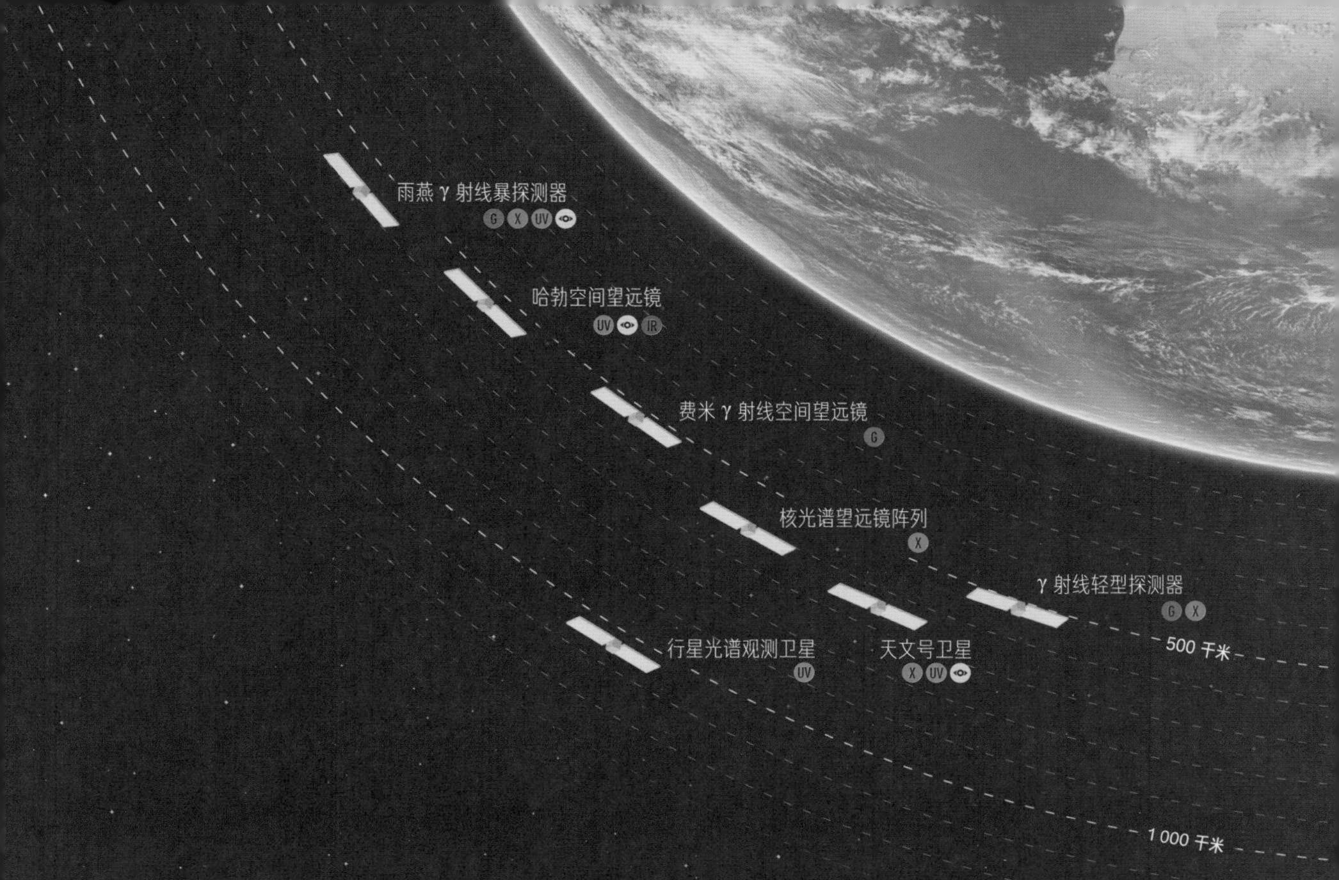

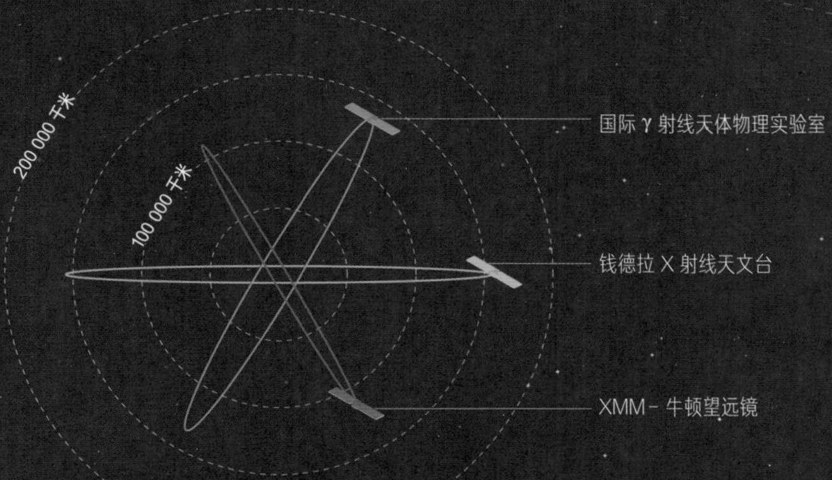

雨燕 γ 射线暴探测器
Ⓖ Ⓧ Ⓤⓥ ⊙

哈勃空间望远镜
Ⓤⓥ ⊙ Ⓘⓡ

费米 γ 射线空间望远镜
Ⓖ

核光谱望远镜阵列
Ⓧ

γ 射线轻型探测器
Ⓖ Ⓧ

行星光谱观测卫星
Ⓤⓥ

天文号卫星
Ⓧ Ⓤⓥ ⊙

500 千米

1 000 千米

200 000 千米

100 000 千米

国际 γ 射线天体物理实验室

钱德拉 X 射线天文台

XMM - 牛顿望远镜

空间望远镜

　　空间望远镜可以避免地基天文台所遇到的大气干扰以及光污染，得到更精确的天文资料。许多空间望远镜在 1 000 千米及以下的轨道高度上运行，也有一些在更高的轨道（往往是椭圆轨道）上运行。

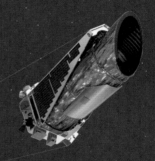

地球

100 000 000 千米

环日轨道

开普勒空间望远镜

开普勒空间望远镜

开普勒空间望远镜于 2009 年发射，用于探测经过母恒星的系外行星，特别是那些位于宜居带的系外行星。这架望远镜没有围绕地球运行，而是在离我们大约 1 亿千米的地方尾随地球沿环日轨道运行，最大限度地减少了地球带来的任何干扰。由于推进器的燃料耗尽，该望远镜于 2018 年退役。

位于宜居带的行星

在开普勒空间望远镜探测到的所有系外行星中，只有不到一半被认为是类似地球的岩质行星或超级地球。其中，大约有 50 颗位于其母恒星的宜居带。

14 300 千米

开普勒 -442b
据估计，这颗行星的质量是地球的 2.3 倍。它围绕着距离太阳系 1 200 光年的一颗主序星开普勒 -442 运行

开普勒 -438b
这颗行星比地球稍大一些，质量也更大一点，它围绕着一颗 640 光年外的红矮星开普勒 -438 运行

18 000 千米

12 742 千米

开普勒 -62f
这颗行星距离地球 990 光年，围绕着一颗主序星开普勒 -62 运行，这颗行星的质量至少是地球的 2.8 倍

17 100 千米

地球

开普勒空间望远镜发现的系外行星

开普勒空间望远镜在整个工作历史中，共观测了超过 50 万颗恒星，并在此过程中确认了 2 662 颗系外行星的存在。

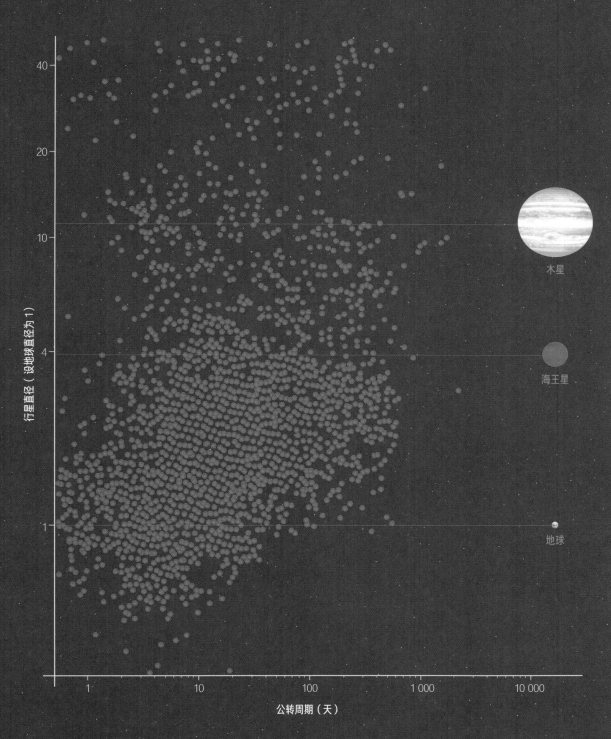

"天文学的历史就是一部'地平线'后退的历史。"

——埃德温·哈勃（Edwin Hubble, 1889—1953）

星系

浩如烟海

就在 20 世纪初，人们还认为银河系就是整个宇宙，所有东西都被认为存在于我们的星系中。当银河系之外还存在其他星系这一点得到证实时，我们对宇宙的理解又一次发生了翻天覆地的变化。

著名天文学家哈勃提供了确凿的证据，证明我们的星系不是唯一的。那个年代，天空中呈现为光斑的"星云"被很多人认为是银河系内部的气体和尘埃云，哈勃却能够正确地识别出它们中的许多是离我们很远的

"宇宙岛"，也就是其他星系。在做出这一发现仅仅几年之后的 1929 年，哈勃再次震惊了世界，因为他对星系的观测揭示了另一个惊人的事实：宇宙正在膨胀。在不到 10 年的时间里，我们的星系从独一无二变成了数十亿个星系中的一个，而展现在我们面前的广袤空间，还在变得越来越大。宇宙的边界被指数级地推进。

我们现在知道，每个星系包含数百万颗到数万亿颗恒星，根据其形成和演化历史呈

现出各种特征。通过研究这些巨大的恒星群及它们在宇宙中的运动，我们推断出宇宙中的物质比我们能够探测到的要多得多，这些仿佛隐藏起来的物质就是暗物质。星系的运动还揭示了一种神秘的力量在导致宇宙膨胀，而且是加速膨胀，这种力量就是暗能量。暗物质不发光，不能被直接观测到，暗能量则比暗物质更加神秘，它们是现代宇宙学家特别感兴趣的前沿研究领域。

星系的诞生

第一个星系被认为是在宇宙早期形成的，可能在宇宙大爆炸后 3 亿年就形成了。但星系的具体形成过程一直是天文学家们争论的话题，他们长期以来分成 2 个阵营——"自上而下"和"自下而上"。

"自上而下"理论认为宇宙中的大尺度结构先形成，然后碎裂形成小尺度结构。在这种理论中，星系源自巨大的气体云在引力作用下的坍缩。就像行星系统形成时一样，坍缩的物质开始旋转，并在这个过程中逐渐变平，成为一个圆盘。最初，这个热气盘会均匀分布，但随着冷却，它碎裂成较小的碎片，碎片再演化成星系。

在"自下而上"理论中，小尺度结构先形成，然后逐级合并成较大的结构。物质首先在较小的气体云中聚集，然后结合在一起形成星系。这一理论不仅解释了年轻星系的盘状形状和它们的自旋，而且在解释许多已经观测到的"较小"星系方面也有着优势。

这 2 种观点源于对暗物质（第 190 页）在早期宇宙中的行为的不同理解。如果暗物质是高温且快速移动的（"热暗物质"模型），那么星系的形成将符合"自上而下"理论。但是，如果那时暗物质又冷、移动又慢（"冷暗物质"模型），它们就会在局部区域聚集在一起形成小质量的暗物质晕，吸引周围的物质。这样，"自上而下"理论的巨大气体云就无法形成。计算机模拟强烈支持早期宇宙的"冷暗物质"模型，因此，"自下而上"理论受到更为广泛的认可。

如果所有的星系一开始都是盘状的，那么为什么它们现在看起来如此不同呢？这是因为星系间的合并，合并是 2 个（或多个）星系的运动路径相互交叉的结果。这些剧烈的事件极大地扰乱了 2 个（或多个）相互碰撞的星系，使得最终形成的星系与形成它的星系完全不同。我们可能会惊讶地发现，尽管这些合并可能涉及数以十亿计的恒星，但恒星之间的距离几乎从来不会接近到发生碰撞的程度。人们可能会认为星系合并会带来灾难和毁灭，但其实这里却蕴藏着新事物的种子。事实上，星系合并会引起新恒星的大量形成，这是由每个星系带来的气体等物质的涌入所造成的。

星系的类型

散布在宇宙中的星系有各种各样的形状、大小和颜色。有些是直径达数百万光年的巨大的旋转之轮，另一些是直径仅数百光年的小型无结构云。有些被新生恒星发出的明亮的白光和蓝光照亮，另一些则被老化的红色恒星发出的暗淡光芒所笼罩。

1926 年，哈勃根据星系的形状将它们分为 3 大类：旋涡星系、不规则星系和椭圆星系。1936 年，他在分类方案中加入了进一步的子类别，称为哈勃序列（Hubble Sequence），这种分类方案一直沿用至今。

旋涡星系

旋涡星系是具有旋涡状结构的星系，包括正常旋涡星系（如上图所示）和棒旋星系。旋涡星系中央凸起，周围环绕着一个圆盘，圆盘中通常包含较老的恒星。向外延伸的旋臂往往更密集地分布着年轻恒星以及正在形成的恒星

棒旋星系

许多旋涡星系都有一个棒状恒星带，这个棒状结构贯穿核心，旋臂从棒的两端伸出，这种旋涡星系称为棒旋星系（约占旋涡星系总数的65%）。棒旋星系中恒星的密度通常很高

椭圆星系

椭圆星系的形状是被不同程度压扁的球体。许多椭圆星系被认为是由多个星系碰撞和合并形成的，因此可以比旋涡星系大得多

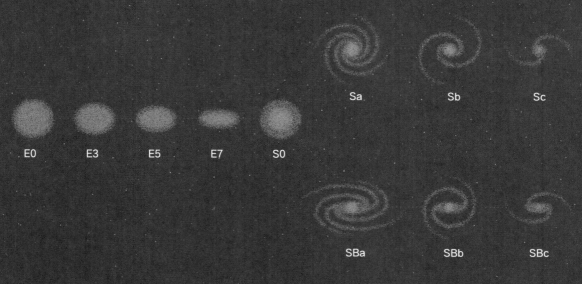

透镜状星系

透镜状星系介于旋涡星系和椭圆星系之间，由一个中心凸起的大圆盘组成，但没有旋臂，因侧视时像一个凸透镜而得名。这些星系中几乎没有正在形成的恒星，是老化恒星的家园

不规则星系

这些星系没有明显的形状和结构，也不符合哈勃序列的任何常规类别。根据一些估算，它们大约占星系总数的 25%

矮星系

矮星系指的是为数众多的小质量、低光度的星系，最多也只包含几十亿颗恒星。矮星系可以被进一步细分为矮椭圆星系、矮不规则星系等，并且矮星系本身可以围绕其他更大的星系运行，大约有 50 个矮星系围绕着我们的银河系运行

哈勃序列

椭圆星系位于哈勃序列的一端，旋涡星系位于另一端。在旋涡星系所处的位置，根据星系核心是否有棒状结构穿过，该图在右侧分为 2 支。

Sa　　Sb　　Sc

E0　　E3　　E5　　E7　　S0

SBa　　SBb　　SBc

椭圆星系（E0—E7）
0 代表接近球体的星系，7 代表高度扁平化

透镜状星系（S0）
同时具有旋涡星系和椭圆星系的特征

旋涡星系（Sa—Sc）
a 代表核心区域大、旋臂紧凑，c 代表核心区域小、旋臂松散

棒旋星系（SBa—SBc）
a 代表核心区域大、旋臂紧凑，c 代表核心区域小、旋臂松散

银河系

在晴朗的夜晚，当月亮落到地平线以下、天空一片漆黑时，可以看到一条微弱的光带横跨夜空。这条乳白色的光带就是我们的银河系，它是超过 1 000 亿颗恒星的家园。很久以前，古希腊哲学家就提出，这条昏暗的光带可能由距离我们太遥远而看不见的恒星组成，但因恒星数量足够多，最终形成了我们可以观察到的微弱光带。直到 1610 年，伽利略将他的望远镜对准天空，看到了这些数量庞大但暗淡的恒星，这个猜测才得到证实。随着望远镜的不断改进，天文学家能够在已经发现的恒星之间发现更多暗弱的恒星。再后来，天文学家在这些暗弱的恒星之间的空间里又发现了更暗淡的恒星。庞大的恒星群构成了我们用肉眼观察天空时所看到的连续光带。

在神话中，银河系常常被认为是通往天堂或者众神家园的道路，银河系的英文名之一 Milky Way 便源自古希腊人的神话传说。据说，诡计多端的赫尔墨斯（Hermes）趁众神之后赫拉（Hera）睡觉时，带来了另一个孩子赫拉克勒斯（Heracles），让这个孩子偷喝她的乳汁（milk）。赫拉醒来时大吃一惊，她急忙把赫拉克勒斯移开，而她的乳汁则洒向了天空。除了 Milky Way，银河系的另一个英文名 Galaxy 也与古希腊人有关，因为它起源于古希腊语中的 galakt-（意为乳汁的）。

在确定了银河系是一个包含大量恒星的星系之后，天文学家们开始试图测量它的大小，并确定我们在其中的位置。不幸的是，确定恒星距离的视差法（第 100 页）在如此巨大的范围内无法使用，因为角度变得太小而无法精确测量。即使抛开这个原因，由于银河系的最远端过于遥远，银河系内大量星际尘埃的累积效应也在很大程度上阻挡了那里射向地球的光线。因此，丈量银河系需要一种全新的技术。

一种被称为造父变星的恒星自 18 世纪以来就为人所知，它们是一种非常明亮的恒星（光度可以高达太阳的 10 万倍），质量通常为太阳的 4~20 倍。由于这些恒星非常明亮，从很远的地方就能看到它们，借助现代仪器，我们甚至能在 1 亿光年外的星系中找到它们！这些恒星的另一个特点是它们的大小和光度都在有规律地脉动。1908 年，美国天文学家亨丽爱塔·斯万·勒维特（Henrietta Swan Leavitt）发现，这些造父变星脉动的周期和它们的光度之间存在密切的关系，因此一个关键的突破出现了。通过记录脉动周期，她可以确定造父变星的光度；通过从地球上观察这颗造父变星，她可以测量它的视亮度（第 98 页）。利用视亮度与光度这 2 个数据，再加上物体距离我们越远就会越暗的前提，勒维特就可以计算出我们与这些恒星的距离。

如前所述，直接透视银河系的尝试是徒劳的，因为大量的星际尘埃使得光线无法穿透，但是我们可以观察位于银河系两侧的造父变星。多亏了勒维特的工作，这项技术使天文学家能这是欧洲南方天文台拍摄的银河系高清图像，是基于几周内 120 小时的观测合成的。从地球的视角来看，银河系中的恒星在天空中组成了一条朦胧的光带

够确定银河系的整体形状和尺寸，以及我们在其中的位置。

我们现在知道银河系是一个相当大的星系，其直径大约为 10 万光年，是本星系群中的第二大星系。银河系被几十个星系环绕，而这些星系与银河系相比小得多。在银河系的中心有一个超大质量黑洞——人马座 A*，其质量约为太阳的 400 万倍。

银河系的尺寸

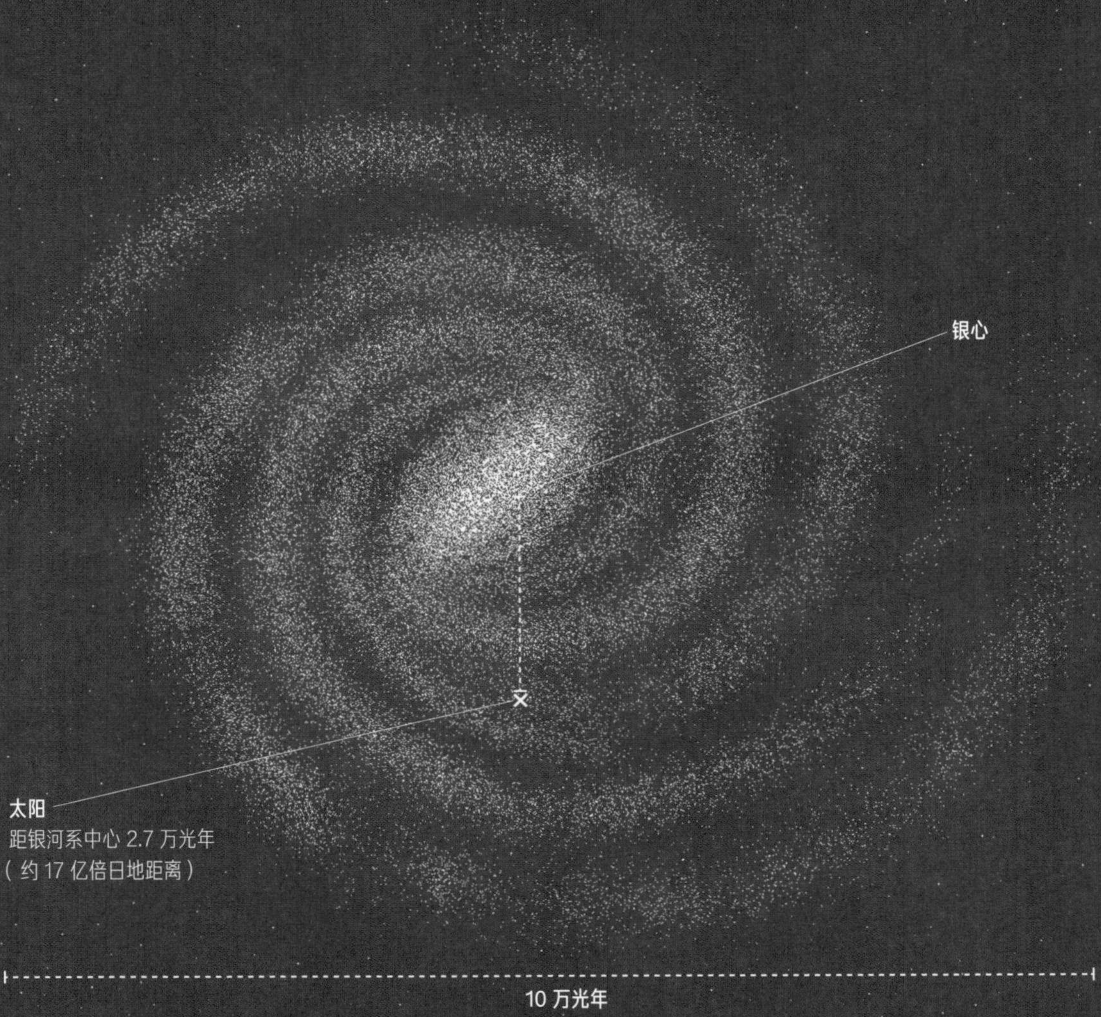

银心

太阳
距银河系中心 2.7 万光年
（约 17 亿倍日地距离）

10 万光年

通过对成千上万颗恒星的观测和测量，我们知道银河系是一个棒旋星系。

这张俯视图向我们清晰地展示了银河系车轮般的外形以及螺旋形的臂。

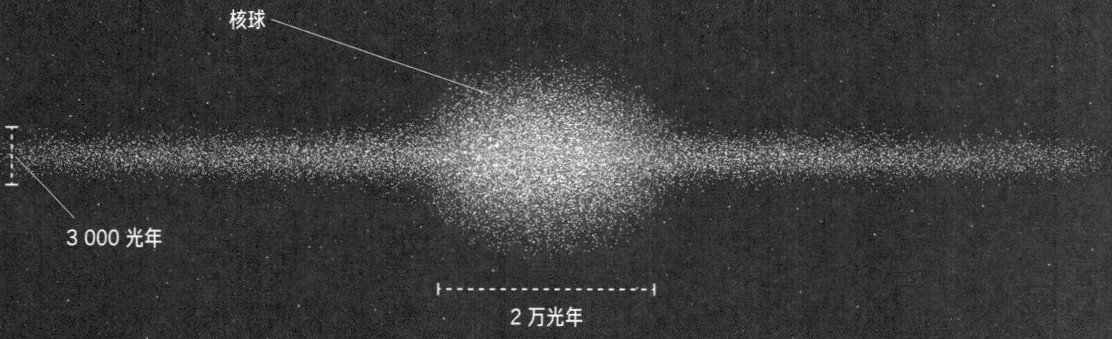

核球

3 000 光年

2 万光年

在这张侧视图中，我们可以清晰地看到银河系中央隆起的核球（这个部分主要由较老的恒星组成），还可以看出银河系的厚度相比于其直径要小得多。

仙女星系

　　对仙女星系最早的观测记录要追溯到
964 年，由波斯天文学家苏菲（al-Sufi）完
成，这比望远镜发明的时间还要早。当时，他将
仙女星系称为"小云"，我们现在知道它是离我们最近
的大星系。人们最初认为这个星系的质量可能比银河系大
50%，但最近的研究表明这种差异可能没有那么大。这个旋
涡星系的直径约为 22 万光年，是本星系群中最大的星系。由于其
体积庞大，因此它在宇宙中飞驰时，会有一小群较小的星系跟随，就
像银河系一样。这个星系的运动路径意味着它很可能会与银河系发生
碰撞，但这是在大约 50 亿年后才会发生的事情。最有可能的结果是
这 2 个星系合并，形成一个巨大的椭圆星系。

大麦哲伦云

大麦哲伦云即大麦哲伦星系，有 1.4 万光年宽，质量只有银河系的 1% 左右。它距离我们大约 16.3 万光年，是距离我们最近的星系之一，处于围绕银河系的轨道上。它被归类为麦哲伦旋涡星系，这是一种只有 1 个旋臂的矮星系——介于矮旋涡星系和矮不规则星系之间。

霍格天体

霍格天体是个著名的环状星系，是非典型的星系类型。它的独特之处在于，一个由年轻炽热的蓝色恒星组成的近乎完美的圆环，环绕着一个由大量年老的红色恒星组成球状内核。在较暗的空隙带，还能看到一个位于远景中的红色环状星系。霍格天体位于 6 亿光年之外，其近乎完美的环直径约为 10 万光年，但它的质量还不到银河系的一半。

暗物质

天文学家和物理学家发现得越多，人类似乎就显得越微不足道。我们曾经认为地球是宇宙的中心，但现在我们知道，地球只是围绕太阳运行的众多行星之一，而太阳只是银河系中上千亿颗恒星中的一颗。曾经被认为是整个宇宙的银河系，也已经被证实只是数千亿个星系中的一个。科学观测还告诉我们，我们用肉眼看到的只是世界的一小部分，因为可见光只占电磁波谱的一小部分。我们曾经坚信，用自己的眼睛见证的事情就是绝对真理，但实际上，有很多事情是我们无法看到的。

宇宙学家提出，宇宙的很大一部分是由我们无法看到、很难探测到或与之互动的难以捉摸的物质构成的——我们称之为暗物质。证明暗物质存在的证据来自它们对天体的引力作用。科学家认为宇宙中暗物质的质量大约是普通物质的 5 倍，因此，那些希望了解宇宙历史的人对暗物质特别感兴趣也就不足为奇了。

预期情况

星系 ——

星系的运动路径 ——

以星系移动的速度，它们应该会飞离彼此

实际观测结果

星系 ——

星系的运动路径 ——

由于暗物质提供了额外引力，这些星系可以相互绕行。虽然它们速度很快，但多出来的引力使它们无法飞离彼此

星系团

暗物质存在的一个证据来自星系在太空中运动的速度。在观测星系团中的星系时，天文学家发现较小的矮星系围绕较大的星系运行的速度远远高于预期。按照这样的速度，它们早就应该被离心力甩出去了，所以一定有什么我们看不见的东西把它们束缚在了一起。环绕银河系的矮星系也是如此，它们的移动速度比预期的要快得多。

星系的旋转

20世纪60年代和70年代对旋涡星系的研究发现，它们的旋转方式非常奇特。人们预测，在远离星系中心的轨道上运行的恒星，其速度会比靠近星系中心的恒星慢，就像我们太阳系中的行星一样。靠近太阳的水星的公转速度比远在太阳外围的海王星快得多。然而，实际观测到的结果并非如此，靠近星系边缘的恒星与靠近星系核心的恒星运动速度相同，甚至更快。

图像清楚地显示，大多数恒星聚集在靠近星系核心的地方，越靠近星系边缘越稀疏。在远离星系中心的地方，根本没有足够的质量来解释靠近边缘的恒星的快速旋转。显而易见，除了我们能够探测到的东西（恒星、气体和尘埃），一定还存在我们无法探测到的东西影响着恒星的运动。数学预测表明，暗物质在这类星系周围的光晕中密度最大。成团的暗物质形成暗物质晕，它们包围星系并延伸到星系可见部分之外的区域，提供了将恒星维系在一起的重要力量。

预期情况

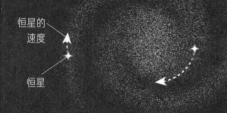

恒星的
速度

恒星

人们认为，靠近星系边缘的恒星的公转速度要比靠近星系中心的恒星慢得多

实际观测结果

恒星的
速度

恒星

由于暗物质的影响，星系外围恒星的公转速度比预期的要快得多

超大质量黑洞

奇点

事件视界

几乎所有大型星系的中心都会有一个超大质量黑洞,其质量可达太阳质量的数百万倍甚至数十亿倍。它们就像放大版的恒星质量黑洞(第 140 页),我们无法直接看到它们,但由于附近恒星的运动以及光线在它们周围扭曲的方式,我们可以知道它们的存在。超大质量黑洞所包含的物质数量巨大,远超任何濒死恒星或常规黑洞。至于它们的质量为何如此之大,目前还不清楚。

我们可以通过星系中心周围恒星的运行速度来推测超大质量黑洞的存在。如果靠近星系中心的恒星的运行速度远远高于预期,那么就代表那里存在一个超大质量黑洞。如果没有超大质量黑洞施加的巨大引力,那么这些绕中心近距离快速旋转的恒星就会飞出星系。天文学家正是通过测量银河系中心附近恒星的运行速度,才确定了中心黑洞的质量。大量的观测结果表明,星系的大小与其中心的超大质量黑洞之间存在联系,较大的星系中心往往有更大质量的黑洞,但我们偶尔会发现与这一趋势相反的例子。例如,矮星系 M60-UCD1 的质量不到银河系的千分之五,但它的超大质量黑洞质量却是我们银河系超大质量黑洞的 5 倍。另一个异常星系是 A2261-BCG,它的直径达到 100 万光年,质量是银河系的 1 000 倍,是已知最大的星系之一,但我们却没有在它的中心探测到任何黑洞。这些异常的发现表明,我们可能对这些大质量天体的性质存在根本性的误解。

科学家一直在试图去理解超大质量黑洞是怎样成长到如此巨大的规模的。人们普遍认为,一旦黑洞位于星系的核心,它将通过吸积物质和吞噬其他黑洞实现继续增长。然而,这些超大质量黑洞最初的起源就不是那么确定了。有人认为,它们就像普通黑洞一样,是从超新星中诞生的,然后在数十亿年的时间里通过吸积物质而稳步增长。也有人认为它们或许是在宇宙历史的早期被创造出来的——在第一批恒星发光之前。在这个黑暗时期,它们可能由巨大的气体云形成,物理学家认为这些气体云可能会在没有超新星爆发的情况下坍缩成黑洞,因此不会将大部分质量喷射出去。超大质量黑洞的形成过程甚至有可能在宇宙大爆炸后的瞬间就开始了,发生在宇宙中粒子和能量密度更大的区域。与其他理论中的黑洞相比,它们有更多的时间通过吞噬附近物质或与其他黑洞合并来成长为超大质量黑洞。

黑洞的"密度"

　　黑洞的一个有趣特点是，它们的质量与从中心处的奇点到事件视界"外边缘"的距离成正比。这意味着，黑洞的质量增大1倍，其半径就会增大1倍。然而，球体的体积与其半径的立方成正比，这意味着球体的半径增大1倍将导致体积增大不止1倍。因此，随着黑洞质量的增加，其体积会增长得更快。由此我们得到了一个清晰的结论：黑洞的质量越大，其（平均）密度就越小。

恒星质量黑洞

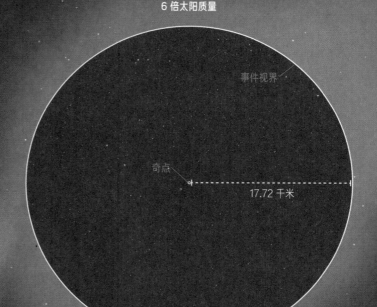

6 倍太阳质量

事件视界

奇点

17.72 千米

3 倍太阳质量

事件视界

奇点

8.86 千米

体积：2 915.3 立方千米
密度：2.047×10^{18} 千克每立方米

体积：23 322.4 立方千米
密度：5.117×10^{17} 千克每立方米

这是一个恒星质量黑洞，质量相当于3个太阳。它的事件视界"外边缘"距离奇点不到9千米，因此该黑洞密度非常大

这个黑洞的质量是前一个黑洞的2倍，因此它的事件视界"外边缘"距奇点的距离是前一个黑洞的2倍，但其体积变成了前一个黑洞的8倍，因此其密度仅为前一个黑洞的四分之一

奇点

超大质量黑洞

2 954 000 000 千米

事件视界

10 亿倍太阳质量

体积：1.08×10^{29} **立方千米**
密度：18.42 千克每立方米

这个超大质量黑洞的质量相当于 10 亿个太阳。它的事件视界直径几乎是地球到太阳距离的 40 倍。巨大的体积意味着其事件视界内所有物质的平均密度与恒星质量黑洞相比微不足道

非严格按比例绘制

水的密度是 1 000 千克每立方米，我们可以看到，一些超大质量黑洞的密度远低于水。重申一下，页面上显示的密度是黑洞事件视界内所有物质的平均密度，但并不代表黑洞内的物质是均匀分布的。据我们所知，黑洞的几乎所有质量都集中在其核心的奇点中。

类星体

20 世纪 60 年代，人们发现了一个奇怪的天体，起初它看起来像是一颗典型的蓝色恒星，但通过射电望远镜观测时，天文学家发现它正在发出大量的无线电辐射。通常情况下，恒星不会有这种行为，所以这个貌似恒星的天体（被命名为 3C273）显得非常奇特。当研究人员对该天体发射的光谱进行分析后，情况变得复杂起来，结果揭示它不是一颗恒星，而是一个完整的星系。不仅如此，这个星系非常遥远，距我们大约 20 亿光年，这意味着 3C273 并不普通，是当时人类在宇宙中发现的最明亮的天体。

3C273 辐射出的能量是太阳的 4 万亿倍，但由于距离太过遥远，它在我们看来只是一个小光点，就像一颗恒星一样。正因如此，它被称为"类星体射电源"，为了简单起见，天文学家后来直接称其为类星体。第一个类星体被发现后，很快就有更多的类星体被天文学家识别出来。我们发射了在太空中运行的 X 射线望远镜，这意味着未来人们可能还会发现更高能的辐射源。最终，我们将继续寻找那些甚至可以爆发出 γ 射线的星系——γ 射线是能量最高的一种辐射形式。这些高能辐射源需要巨大的能量，那么这些能量究竟来自哪里呢？

几乎所有大型星系的中心都存在一个超大质量黑洞（第 192 页），它们的引力大得惊人。黑洞可能会被一些围绕着它旋转的物质紧紧包围，这些物质被黑洞压扁成一个圆盘。由于靠近黑洞的物质在轨道上运行的速度远远快于远

离黑洞运行的物质，因此这些气体和尘埃在以不同速度旋转时就会相互摩擦并被加热到数百万摄氏度，它们的温度高到足以从整个电磁波谱中发射出辐射。这种类型的星系也被称为活动星系，它们的高光度使其得以在整个宇宙中被看到。

就像 3C273 一样，我们探测到的类星体都非常遥远，通常在数十亿光年之外——现在我们看到的其实是它们早期的样子。这些观测证实了类星体是年轻星系演化的一个阶段，在早期宇宙中更为常见。在新生星系的中心，物质很丰富，这个区域的物质以一种混乱的方式运行。驻留在那里的黑洞将会不断地吸收坠落的尘埃、气体和恒星，并且随着时间的推移消耗掉这些物质，从而清理它周围的区域。较远距离的恒星不会受到影响，随着星系的成熟，它们会保持在稳定的轨道上。

一小部分类星体具有喷流特征，即从中心黑洞的两极射出物质和能量束。极端的磁场加上吸积盘的快速旋转，导致类星体产生的喷流能够深入太空。这些喷流非常强大，它们可以穿透数千光年范围的星系际介质。由于类星体的奇特结构，当我们从不同的角度观察它们时，看到的现象可能会有很大的不同。从侧面看，活动星系的吸积盘会阻挡大部分射向我们的高能辐射，然而，吸积盘会加热附近的气体云，这些气体云会发出红外光。越是朝向吸积盘正

喷流

面，接收到的高能辐射也将越多。如果吸积盘的喷流正对着我们，我们就会受到 X 射线和 γ 射线的强烈照射。当它的喷流直接对准地球时，这样的类星体被称为耀变体。

梅西耶 87

　　梅西耶 87（简称 M87）是近域宇宙（local universe）中质量最大的星系之一，其特点是从核心喷射出等离子体流，但它不是类星体。虽然该星系确实发射 X 射线和 γ 射线，但它在射电波段的亮度最高，因此属于一类被称为射电星系的活动星系。它以法国天文学家查尔斯·梅西耶（Charles Messier）的名字命名。梅西耶最初将 M87 归类为星云，但我们现在知道它是一个超巨椭圆星系，距离地球约 5 300 万光年。它的直径约为 12 万光年，比银河系略宽，但与我们银河系的扁平圆盘形状不同的是，其形状为椭球形，因此它的质量大约是银河系的 200 倍。右下方这张由哈勃空间望远镜拍摄的图片，清晰地展示了从 M87 核心喷出的等离子体流，它射向 5 000 光年外的星系际空间。

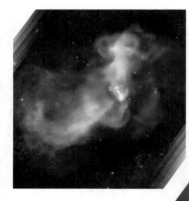

上面这张 M87 的图像是用 X 射线和无线电摄影合成的，蓝色表示超热物质发出的 X 射线，橙色 / 红色区域是无线电辐射的来源。将这张图与右侧由红外线和可见光合成的图片相比较，可以发现该星系比最初看到的要广阔得多

在这里，我们展示了2019 年发布的人类历史上第一张黑洞（M87 中心的超大质量黑洞）照片。这张开创性的照片是由事件视界望远镜拍摄的。正如预期的那样，黑洞本身是看不见的，但我们可以看到事件视界外的光环，那里的空间和光线都被扭曲了

M87 中心的超大质量黑洞是一个庞然大物，它的质量相当于 63 亿个太阳，是银河系中心超大质量黑洞的 1 000 多倍。它的事件视界尺寸大得惊人，直径接近 350 亿千米，是地球到太阳距离的 230 多倍。我们之所以能够了解这些信息，是因为 M87 离我们足够近，我们能测量出围绕这个超大质量黑洞运行的恒星的速度。通过记录这些恒星在靠近中心时的速度增加了多少，天文学家推算，在这样一个非常小的空间里，一定存在一个质量为几十亿倍太阳质量的天体。这一点已经在视觉上得到了证实，因为这个黑洞被直接成像了。M87 中心的超大质量黑洞是该星系的动力源泉，它将附近所有的物质加速到接近光速，产生极端的磁场，并将等离子体喷射到宇宙中。

膨胀的宇宙

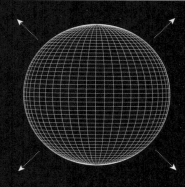

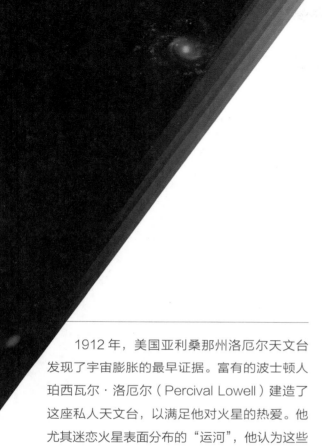

1912 年，美国亚利桑那州洛厄尔天文台发现了宇宙膨胀的最早证据。富有的波士顿人珀西瓦尔·洛厄尔（Percival Lowell）建造了这座私人天文台，以满足他对火星的热爱。他尤其迷恋火星表面分布的"运河"，他认为这些"运河"是由勤劳的火星人建造的，他们试图从火星的极地冰盖上抽走水，以在这个干燥、濒死的星球上生存。他还对旋涡星云感兴趣，但他不知道它们实际上是距我们数百万光年的星系，而误认为旋涡星云是处于早期阶段的行星系统。他指示他的助手——天文学家维斯托·斯莱弗（Vesto Sliher）观察这些天体并测量它们的旋转，希望能揭示太阳系的形成过程。虽然斯莱弗确实记录了它们的旋转，但他也注意到，除了少数例外，大部分星云都在以惊人的速度远离我们。他可以通过它们的红移推断出其速度，但结果让人很难相信。有些天体的速度超过 1 000 千米每秒，如果这些天体以这样的速度移动，那么银河系中所有恒星的引力也无法留住它们——它们应该早就飞走了。

几年后，哈勃用新建成的当时世界上最大的望远镜胡克望远镜解决了这个问题。得益于新望远镜的放大倍数，哈勃能够在退行的星云中找出造父变星（第 184 页），从而确定它们的距离。他的观测毫无疑问地证明，这些星云太过遥远，不可能是银河系的一部分，实际上它们是远在我们银河系之外的星系。这一事实本身就从根本上改变了我们对宇宙的看法，但接下来还有更多的工作要做。1929 年，当哈勃将他的发现（显示了星系的距离）与斯莱弗的发现（显示了星系的红移）进行比较时，他发现了一种有趣的相关性：一个星系离我们越远，其远离我们的速度就越快。这样看来，似乎宇宙中所有的星系都在相对我们做退行运动，但我们现在知道事实并非如此，其实是空间本身在变大。一个更好理解的类比是，当一个表面布满斑点的气球被吹得鼓起来时，随着气球的膨胀，斑点之间的距离越来越远。从每个斑点的角度来看，它们看到的是同样的东西，即其他斑点离自己越远就移动得越快——正如嵌入不断膨胀的空间中的星系一样。

虽然哈勃的观测结果值得称赞，但也有其他人在这一问题上提出了一些开创性的假设，如比利时天文学家乔治·勒梅特（Georges Lemaître）。不过，他们的成果往往被哈勃的历史性发现所掩盖。一些物理学家从爱因斯坦的广义相对论中推断出宇宙应该在膨胀，勒梅特就是其中之一。事实上，哈勃定律（遥远星系和我们之间的距离与它们远离我们的速度成正比）有时也被称为哈勃－勒梅特定律。1927 年，当勒梅特发表他激进的新理论时，他甚至首次给出了宇宙膨胀速率的估计值，这个数字现在被称为哈勃常数。现在我们知道，星系与我们的距离每增加 100 万光年，其远离我们的速度大约增加 22 千米每秒。

暗能量

我们生活在一个不断膨胀的宇宙中，宇宙学家对这一点相当肯定，但由于引力的影响，按理说膨胀的速度会减慢。来自数以十亿计的星系中的所有恒星、行星、岩石和气体肯定会相互吸引，从而减慢宇宙的膨胀。然而，20 世纪 90 年代末的研究结果表明，事实恰恰相反，膨胀正在加速！

1998 年，3 位天文学家——美国的索尔·珀尔马特（Saul Perlmutter）、亚当·盖伊·里斯（Adam Guy Riess）和澳大利亚的布莱恩·保罗·施密特（Brian Paul Schmidt）试图计算出宇宙膨胀速度的减速幅度。他们选择的方法是检测遥远星系中 Ia 型超新星发出的光。之所以选择这些超新星，是因为它们非常明亮，即使在远距离外我们也能看到它们。此外，由于每颗 Ia 型超新星的光度峰值都是相同的，所以它们可以被用作"标准烛光"，它们的视亮度可以用来确定与地球的距离。将一颗超新星的视亮度与其光谱红移的程度进行比较，就可以判断它是否处于给定速度下预期的位置。

利用 1990 年发射的哈勃空间望远镜，他们能够观测到科学家哈勃在几十年前观测不到的更远的星系，并对其中的超新星进行采样，观测结果相当令人惊讶。他们发现，那些最遥远、最古老的超新星比预测的要暗淡，这意味着它们与我们的距离比其红移所指示的要远，因此一定有一股神秘力量在推动宇宙加速膨胀。

在发现宇宙正在加速膨胀之前，已知的物质和能量形式只有普通物质、暗物质和辐射，但这些都无法解释宇宙膨胀速度在不断增加的事实。主流的观点认为，宇宙中存在一种产生排斥力的特殊的能量形式，这一幕后推手被科学家们称为暗能量。暗能量对整个宇宙的演化影响深远，但我们对它知之甚少。人们认为暗能量的密度非常低，远低于星系内普通物质和暗物质的密度，但是由于暗能量充满了整个宇宙空间，所以其占据了宇宙总质能[①]的大约 68%。暗能量的本质决定着宇宙的最终命运。

---

① 任何质量都对应一定的能量，反之亦然，正如爱因斯坦在他著名的质能方程 $E=mc^2$ 中所证明的那样。宇宙学家在提到质量和能量时常使用质能一词。

"没有什么能
永恒存在。"

——霍金（1942—2018）

宇宙大爆炸

宇宙的诞生

在认识了宇宙中各式各样的行星、小行星、恒星、星云、黑洞和其他天体之后，有一个重要的问题还没有得到回答，那就是这一切都从何而来？

目前普遍接受的关于万物起源的理论是宇宙大爆炸（以下简称大爆炸）理论。该理论认为，整个宇宙曾经是一个无限小而致密的点——奇点，它在瞬间爆炸，然后物质和能量向四周扩散。自从勒梅特推断出我们生活在一个不断膨胀的宇宙中，这个理论就开始受到关注。根据该理论的逻辑和结论，如果宇宙中的所有事物都在远离其他事物，那么便可以假设在遥远过去的某个时刻，所有事物都起源于同一个点。这个难以想象的又小又致密的点被勒梅特称为"原初原子"。

大爆炸不仅是所有物质和能量的来源，也是支配宇宙的本质力量的来源。在最初时刻，物理学的基本力（引力、强核力、弱核力、电磁力）出现了，这一点怎么强调都不为过。如果没有这些基本力，我们所知的物质将无法形成，也不会有行星或恒星，更不会有宇宙——至少不是我们可以生存的宇宙。

　　根据科学家们目前最准确的计算，大爆炸发生在大约 138 亿年前，但它是什么时候结束的呢？答案是，大爆炸还没有完全"结束"，我们正身处其中。你所看到的地球绕着太阳转，太阳随着银河系旋转，还有那无数颗随着宇宙不断膨胀而彼此远离的天体，这一切都源于同一个奇点。

鸿蒙之初

在宇宙的历史中，目前的理论允许我们探测的最早时刻是在宇宙诞生后的 10^{-43} 秒。我认为这个数字值得每个人完整地看一下，因为它小得超乎想象：

0.000 000 000 000 000 000 000 000 000 000 000 000 000 000 000 1 秒。

在这一时刻之前，便是宇宙最初的普朗克时期，我们根本不知道这个时期里发生了什么，只有一些猜测。科学家们相信，在那令人难以置信的短暂时间里，粒子和能量并不是作为独立的实体存在的，而是完全可以互换的。在普朗克时期结束时，引力从其他基本力中分离出来。而在大统一时期结束时（大爆炸后 10^{-36} 秒时），强核力从其他基本力中分离出来。在大爆炸后 10^{-12} 秒（1万亿分之一秒）时，所有 4 种基本力都已经形成了。

由于气体在压缩时变热，在膨胀时变冷，所以宇宙在其最致密的早期阶段一定是非常热的。在大统一时期，温度超过 10^{27} 摄氏度，此时物质无法存在——像质量和电荷这样的概念也毫无意义。

10^{-43} 秒
10^{32} 摄氏度

超力
（单一的、统一的力量）

引力

引力作用于任何拥有质量或能量的物体，并且是唯一能做到这一点的基本力。所有物质都会产生引力，这种吸引力具有无穷大的作用范围，推动了宇宙大尺度结构的形成。

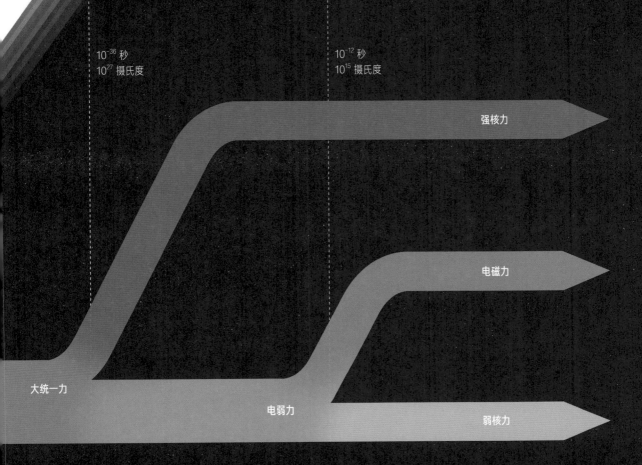

10⁻³⁶ 秒
10^{-36} 秒
10^{27} 摄氏度

10^{-12} 秒
10^{15} 摄氏度

强核力

电磁力

大统一力

电弱力

弱核力

引力

强核力

　　强核力是 4 种基本力中最强的，但它的作用距离是第二短的，大约只有 1 个质子的直径。它负责将构成质子和中子的极小的亚原子粒子——夸克结合在一起，也将原子核内的质子和中子结合在一起。

电磁力

　　电磁力作用于带电粒子之间，例如带负电的电子和带正电的质子。如果带电粒子之间电荷相同，这种力就是相互排斥的；如果电荷相反，这种力就是相互吸引的。和引力一样，它的作用范围是无穷大的。

弱核力

　　弱核力是粒子衰变的原因，导致亚原子粒子从一种类型变成另一种类型。例如，中子衰变为质子、反中微子和电子。与强核力一样，它的作用范围很短，小于一个质子的直径。

第1秒

这里展示的是宇宙的第 1 秒，它被分解成了不同的阶段。尽管这些阶段都非常短暂，但它们被称为"时期"，有时也称为"时代"。在第 1 秒结束的时候，宇宙已经从一个难以想象的小点变成了一个直径 1 000 亿千米的物体。虽然在第 1 秒结束时，宇宙中涌现出的粒子的温度仍然非常高，但此时宇宙的温度已经冷却为大统一时期结束时的 10 亿亿分之一。

这里展示的时间尺度与前两页有一些重叠，但前两页的重点是 4 种基本力的出现，这里侧重的是年轻宇宙的物理特征。

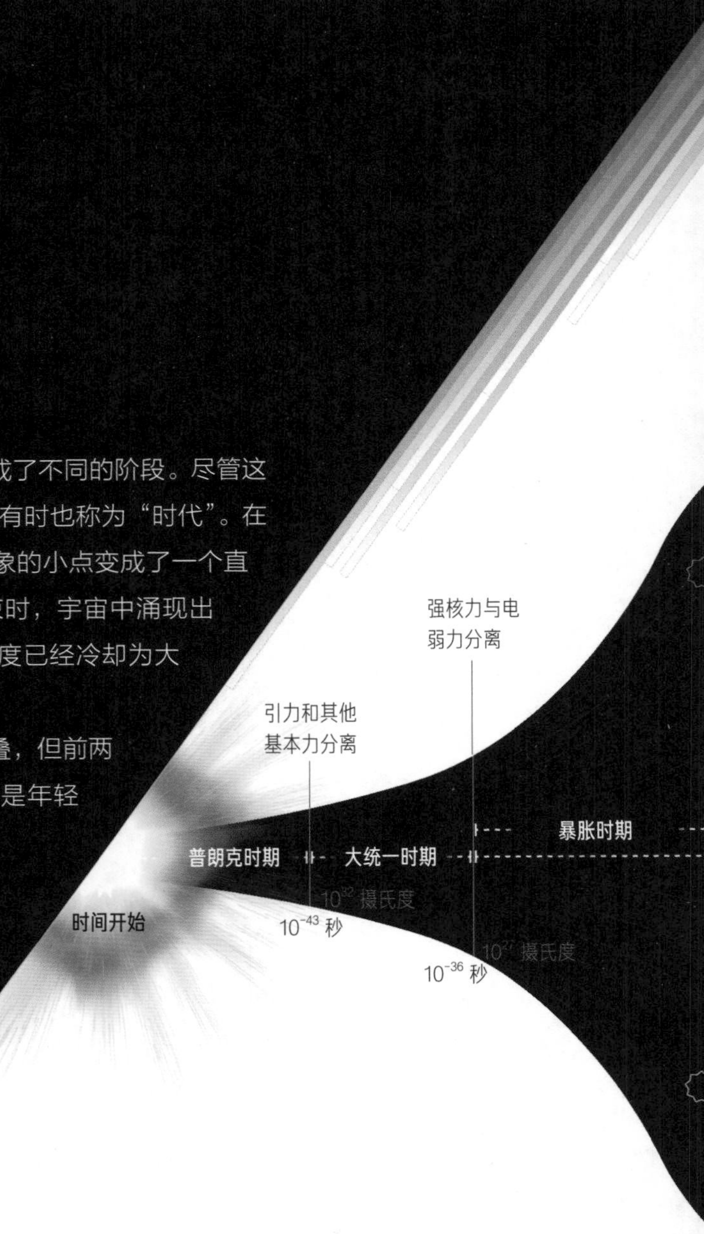

强核力与电
弱力分离

引力和其他
基本力分离

暴胀时期

普朗克时期 大统一时期

10^{32} 摄氏度

时间开始 10^{-43} 秒

10^{27} 摄氏度

10^{-36} 秒

暴胀时期

暴胀时期是宇宙空间突然呈指数级膨胀的时期。在这段时间里，宇宙从质子的 10 亿分之一变得像一个柚子那么大，温度降到了大统一时期结束时的 10 万分之一。在这个时期之后，宇宙以稳定的速度继续膨胀。

电弱时期

这个时期与暴胀时期同时开始，但比暴胀时期结束得晚。在电弱时期，一些被称为夸克的亚原子粒子以等离子体的形式存在。它们之间的碰撞非常频繁和剧烈，所以它们几乎瞬间就相互湮灭，释放出更多的奇异粒子。

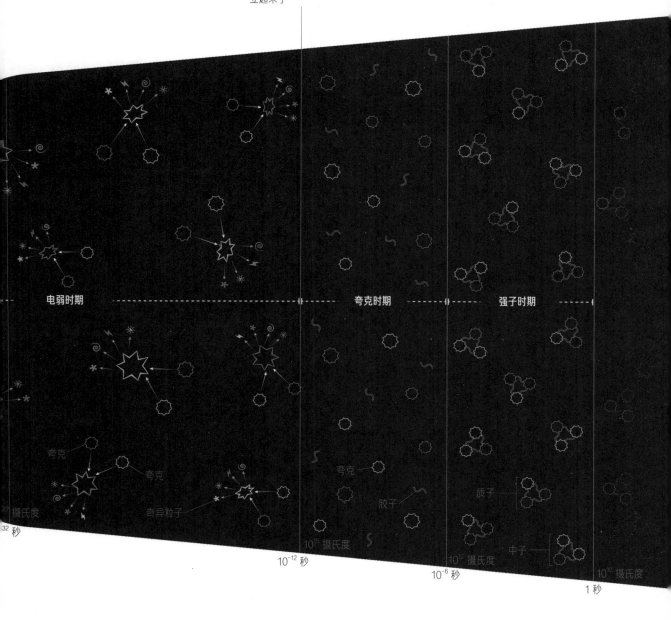

在电弱时期结束时，自然界的 4 种基本力都建立起来了

电弱时期

夸克时期

强子时期

夸克

夸克

奇异粒子

夸克

胶子

质子

中子

10^{27} 摄氏度

10^{32} 秒

10^{-12} 秒

10^{15} 摄氏度

10^{-6} 秒

10^{12} 摄氏度

10^{10} 摄氏度

1 秒

夸克时期

这个时期的温度仍然太高，物质无法形成，但此时的温度允许夸克存在而不至于相互湮灭。传递夸克间相互作用的胶子也在等离子体中出现了。

强子时期

在较低的温度下，强核力通过胶子使夸克结合在一起，形成的粒子称为强子，强子是由 2 个或 2 个以上的夸克组成的亚原子粒子。质子和中子是含有 3 个夸克的强子。在这个时期，强子主导着宇宙的质量。

物质出现

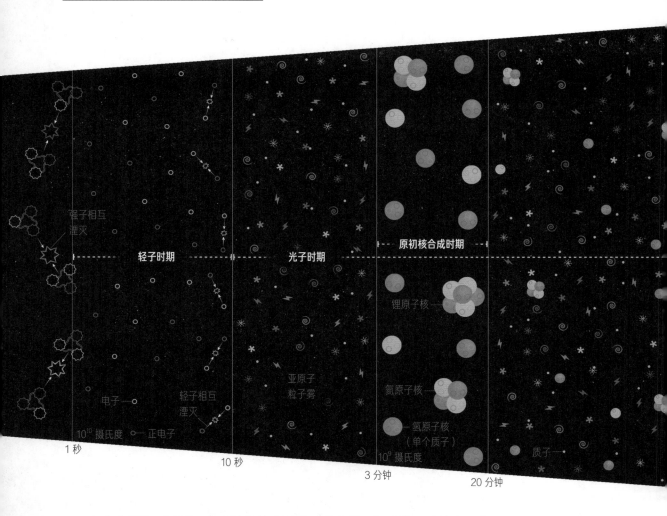

轻子相互
湮灭

轻子时期

光子时期

---- 原初核合成时期 ----

锂原子核

氦原子核

亚原子
粒子雾

氢原子核
（单个质子）

电子 ——

轻子相互
湮灭

10^{10} 摄氏度 —— 正电子

10^9 摄氏度

质子 ——

1 秒

10 秒

3 分钟

20 分钟

在宇宙诞生 1 秒后，宇宙演化的主要里程碑变得更加分散，因此我们将以极快的速度讲述接下来的几十万年。

轻子时期

在强子时期的末期，大部分强子和反强子相互湮灭，轻子成为宇宙中的主角。轻子是基本粒子，其中我们最熟悉的是电子。在轻子时期结束时，大多数轻子将在与反轻子的碰撞中湮灭，比如电子与正电子的碰撞。

光子时期

在这个时期，宇宙是一团由亚原子粒子和能量组成的雾。宇宙中剩下的大部分质能都是以光子的形式存在的，但是宇宙的密度太高了，光子无法穿过宇宙，因此有时这一阶段被称为不透明时期。

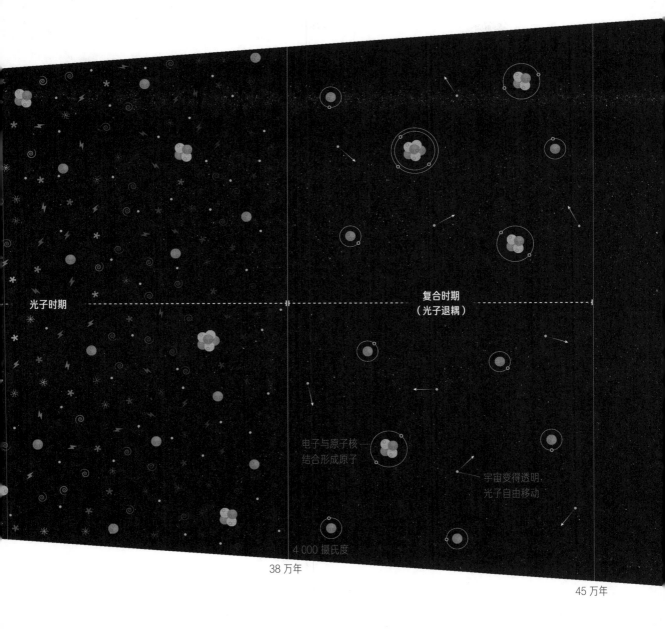

光子时期

复合时期
（光子退耦）

电子与原子核
结合形成原子

宇宙变得透明，
光子自由移动

4 000 摄氏度

38 万年

45 万年

原初核合成时期

宇宙的温度已降至可以形成原子核的水平。通过核聚变，质子和中子结合形成氦和锂的原子核（只有 1 个质子的氢原子核已经存在）。当宇宙的温度和密度降低到不能发生核聚变时，原初核合成就结束了。

复合时期

一旦宇宙温度下降到约 4 000 摄氏度，与太阳表面的温度相差不多，电离的原子核就可以捕获电子，成为呈电中性的原子。随着电子与原子核的结合，辐射得到释放，宇宙逐渐变得透明，但在这个阶段宇宙仍然是黑暗的，因为还没有恒星发光。

物质的分布

随着原子的形成，一个我们更熟悉的宇宙开始成长。物质粒子被巨大的引力吸引到一起，大型结构开始在黑暗中出现。这些气体云是宇宙未来结构的蓝图，终有一天，它们会在宇宙中播下恒星的种子。

1964 年，美国贝尔实验室的 2 名射电天文学家——阿尔诺·彭齐亚斯（Arno Penzias）和罗伯特·威尔逊（Robert Wilson）在利用实验室的大型喇叭天线测量遥远射电源的强度时，偶然做出了一项重要发现。无论天线指向哪个方向，他们都会接收到一个波长约为 7.35 厘米的微波噪声。他们起初认为干扰可能来自地面，于是两人开始彻底检查他们的设备，甚至清理了堆积在大型喇叭天线中的蝙蝠和鸟类粪便。然而，无论白天还是黑夜，微波噪声依然存在。在排除了所有可能的干扰源后，他们得出结论，这些讨厌的微波噪声不是设备故障引起的，而是来自银河系之外。然而，直到他们听说普林斯顿大学的一组天体物理学家也在搜寻天空中的微波信号，他们才意识到这一发现的重要性。

普林斯顿大学的研究小组所寻找的正是大爆炸遗留下来的辐射。他们推断，由于宇宙的膨胀，任何来自宇宙形成之初的辐射在到达我们时都已经发生了高度红移，而且肯定不在光谱的可见部分。事实上，他们计算出，这种辐射就像微波（与贝尔实验室已经探测到的频谱区域相同）一样可以被探测到，而且无论你朝哪个方向，都会发现这种辐射。彭齐亚斯和威尔逊得知普林斯顿团队的研究成果后，立即将自己的发现与该团队的假设联系起来，并意识到他们已经发现了大爆炸的残余信号。这种辐射被称为宇宙微波背景辐射，被认为是支持大爆炸模型的最有力证据之一，它的发现为彭齐亚斯和威尔逊赢得了诺贝尔物理学奖。

宇宙微波背景辐射起源于宇宙第一次变得透明的时候，即大爆炸后大约 38 万年，这是我们的仪器所能看到的最久远的时间。在此之前，宇宙是一团光线无法穿透的由能量和亚原子粒子构成的浓雾。这是第一批原子形成的时候，因此，研究宇宙微波背景辐射可以告诉我们早期的能量和质量是如何分布的。虽然彭齐亚斯和威尔逊发现宇宙微波背景辐射在各处都是均匀的，而且无处不在，但在 20 世纪 90 年代进行的更精确的测量发现它的温度有非常微小的变化，这表明宇宙早期的物质分布存在微弱的涨落。如果宇宙微波背景辐射在各个方向上的温度完全相等，那就意味着大爆炸将能量和粒子完全平稳地分散开来。这样的话，宇宙在膨胀过程中就会一直保持均匀的密度，各个粒子之间的吸引作用非常均衡，任何物质都不会发生合并。而通过宇宙微波背景辐射中微小的不平衡，我们知道宇宙并不是完全均匀的，这种波动导致密度较大的区域吸引了更多的质量，而密度较小的区域随着物质的流失而扩大。如果没有大爆炸天生的不完美，宇宙中的任何地方都不可能形成任何类型的天体。宇宙空间的每一个角落都含有宇宙诞生时留下的辐射，每立方米空间包含大约 5 亿个宇宙微波背景辐射的光子。

第一代恒星

当我们的宇宙大约 1 亿岁时，第一代恒星从坍缩的气体云中出现并开始发光。由于这些气体云受到极大的压缩，它们开始将原子融合在一起，同时释放出大量的辐射——恒星诞生了。恒星一颗接一颗地燃烧起来，直到数万亿颗恒星照亮了黑暗已久的宇宙。随着引力对所有物质的持续牵引，这些炽热的恒星聚集在一起，形成星团，而星团又会继续吸引其他星团。不久之后，在宇宙大约 3 亿岁时，星团大规模地聚集在一起，形成了宇宙中的第一个星系。

宇宙诞生之初仅有的可用物质是由大爆炸产生的物质，所以第一代恒星就是由这些物质组成的：大约四分之三的质量是氢，大约四分之一的质量是氦，还有微量的锂。人们认为大多数第一代恒星的质量都比较大，可能是太阳的 100～1 000 倍，因此它们会在短短数百万年内燃烧殆尽。这个时期诞生的恒星没有能存活到现在的。这些恒星是第一批将新元素引入宇宙的恒星，随着它们的演化，较重的元素从较轻的元素中融合出来。大多数第一代恒星由于质量很大，所以会在超新星爆发中结束它们的生命，在超新星爆发时，更重的元素被创造出来并被抛入太空。第一批超新星爆发事件留下的细小尘埃和气体云将会孕育出更多样化的下一代恒星。下一代恒星将伴随着岩质天体——

行星、卫星和小行星，这些天体为宇宙增添了多样性。

虽然 1 亿年对你我来说是一段很长的时间，但是对于从零开始建造出像恒星那么大的天体来说，这似乎也太快了。因此，天文学家相信暗物质在宇宙的早期发展中起到了重要作用。如果大爆炸后只有普通物质存在，那么它们的引力将无法抵挡宇宙的快速膨胀，一切都会被迅速撕裂，将没有足够的时间来形成恒星，更不用说形成星系了。暗物质的质量是普通物质的数倍，其存在确保了物质不会过于分散，天体得以成长。

宇宙的结构

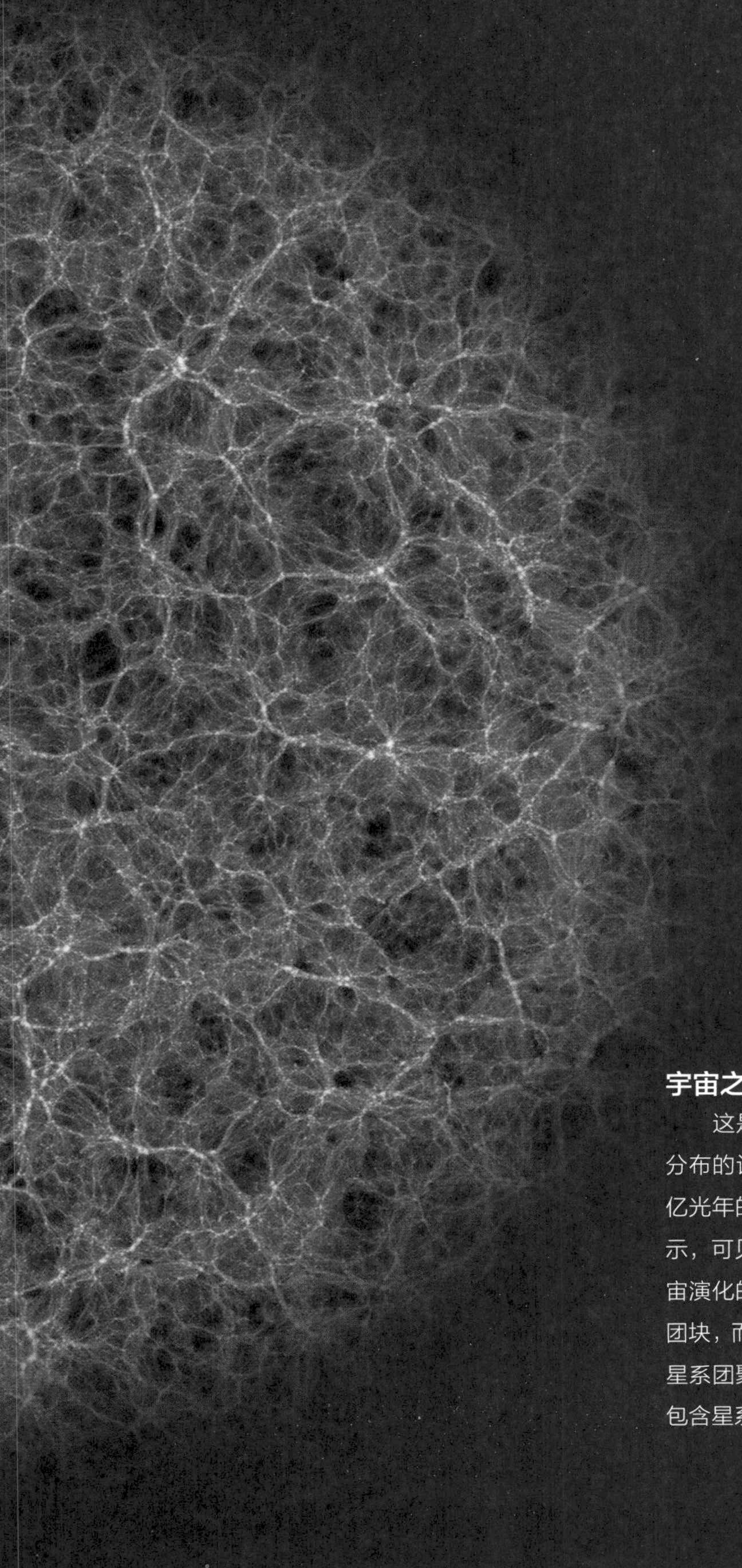

宇宙之网

　　这是一幅关于物质在当前宇宙中如何分布的计算机模拟图像。 图中包含了 10 亿光年的空间，其中暗物质区域用黄色表示，可见物质区域用粉紫色表示。根据宇宙演化的理论，暗物质聚集成各种各样的团块，而普通物质则聚集在这些团块周围。星系团聚集在这些节点上，节点之间通过包含星系和暗物质的细丝相互连接。

宇宙的大小

930 亿光年

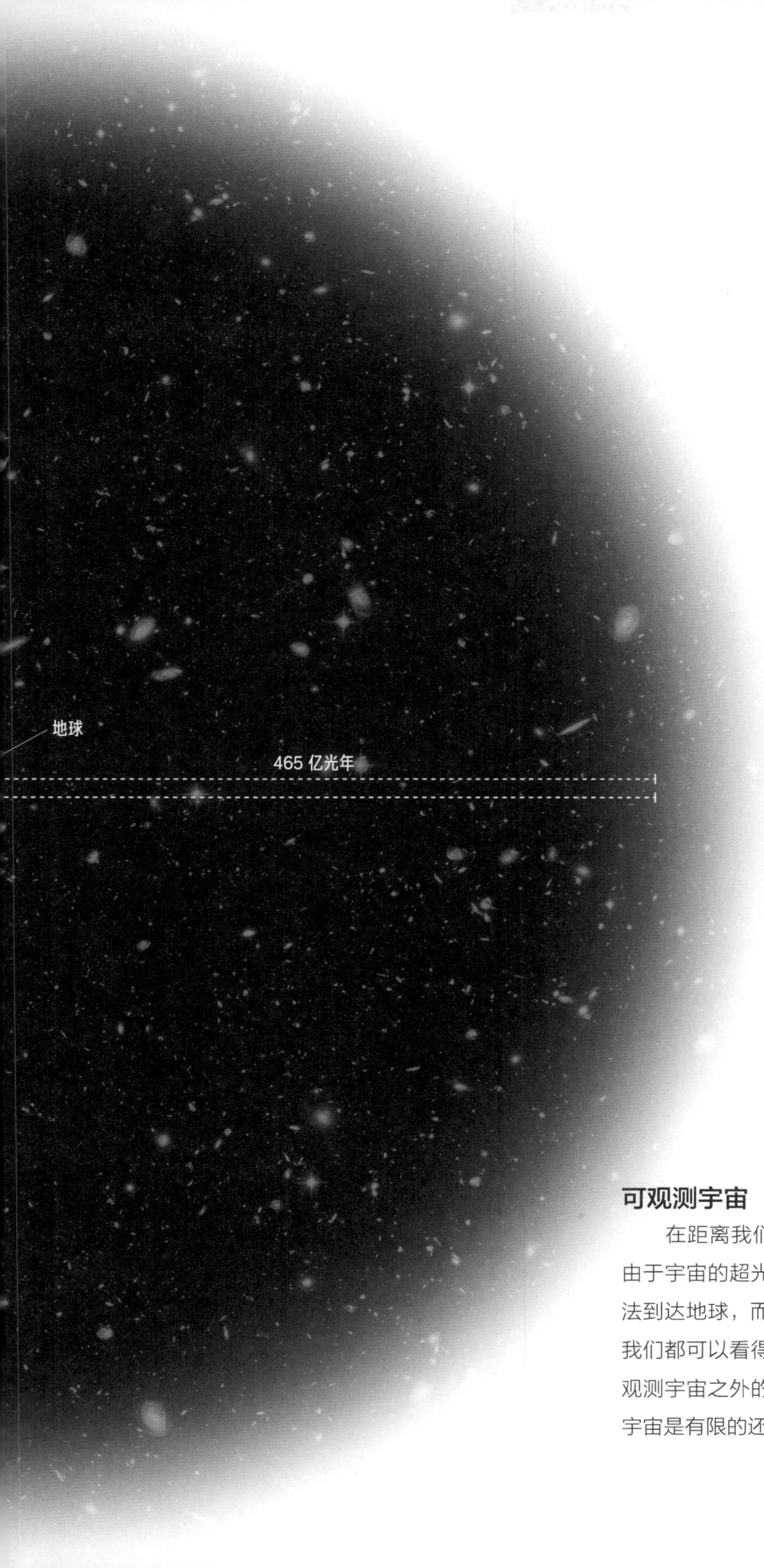

地球

465 亿光年

可观测宇宙

在距离我们 465 亿光年之外的地方，由于宇宙的超光速膨胀，那里的光永远无法到达地球，而理论上这个半径内的物体我们都可以看得见。由于我们无法看到可观测宇宙之外的事物，所以我们无法确定宇宙是有限的还是无限的。

"站在冰冷的大地上，我们看着太阳慢慢消逝，我们试图回忆已经消失的世界起源时的光辉。"

——勒梅特（1894—1966）

宇宙的终结

光消失了

　　恒星诞生、衰老、死亡，在生命周期结束后，它们留下的物质将被下一代恒星利用。然而，这种情况不会永远持续下去。由于恒星不能以这种方式回收所有的物质，因此这个过程是有限的，终有一天新的恒星将停止形成。

　　谈到宇宙末日，人们很难不感到一丝惆怅。从很多方面来说，这似乎是无稽之谈，因为这发生在难以想象的遥远未来，而那时

我们人类肯定早已消失，但宇宙的终局总是能击中人们的心。宇宙以轰轰烈烈的大爆炸作为开端，但它的结局不是盛大的狂欢。宇宙故事的结束意味着所有故事的结束，而它结束的方式是如此凄凉。

　　宇宙似乎永远沐浴在恒星的光芒中，但终有一天它会随着最后一颗恒星燃尽而变得黑暗。虽然宇宙会被持续照亮数万亿年，但它的大部分时间仍在未来。最后剩下的恒星

的核心将在数万亿年后冷却，星系将失去对它们的控制。其中一些被黑洞吞噬，而另一些则被抛入荒凉的太空。随着宇宙继续膨胀，温度会变得越来越低，任何形式的相互作用都将变得越来越少。随着原子存在所需的粒子逐渐被辐射出去，稀疏分散的天体最终将消失在太空中。唯一的例外是黑洞，它们还能在其他一切天体都消失后存活很多年，但即使是黑洞也不能逃脱死亡的命运。

可能的命运

大坍缩

　　直到不久前，天文学家还相
信引力会减缓宇宙膨胀的速度。在
发现膨胀正在加速之前，他们认为只
有一个因素可以决定宇宙的未来：那就是
质能密度。如果宇宙的质能密度超过一定值，
那么它的命运将是大坍缩。也就是说，引力将减
缓膨胀，直到膨胀停止，然后逆转，几乎就像让时
钟倒转一样。最终的结果是一切都会坍缩，宇宙变得
越来越小，温度越来越高，直到它再次成为一个奇点——
就像开始时那样。接下来会发生什么还无从得知，不过有一
个被称为大反冲的理论提出，这可能会引发另一次大爆炸。如
果是这样的话，那么宇宙可能会循环往复地爆炸和坍缩。尽管大
坍缩理论并不被天文学家青睐，但它并没有被排除。我们对驱动宇宙
膨胀的暗能量所知甚少，有人认为它在早期宇宙中可能具有不同的性质，
谁能说在遥远的未来它的行为不会有所不同呢？

大冻结

　　最被广泛接受的宇宙终极命运是大冻结,在这个过程中,空间的膨胀继续加速。由于空间的快速膨胀,星系之间迅速远离,以至于一个星系的光永远无法到达另一个。甚至在最后一批恒星耗尽所有燃料之前,星系之间就已经无法看到彼此了。最终,新的恒星停止诞生,旧的恒星消亡,剩下的只有它们燃烧的残留物。宇宙的不断膨胀也导致自身冷却,因为物质和能量的分布越来越稀疏,整个宇宙的温度逐渐接近绝对零度,但永远不会达到绝对零度。在遥远的未来,一切没有被黑洞吸收的物质都将自行解体,分解为纯粹的能量。在非常非常遥远的将来,甚至黑洞也会消亡,因为它们也会非常缓慢地通过辐射蒸发掉。

恒星熄灭

大约 50 亿年后，我们的太阳将接近生命的终点。在死亡过程中，它会将大部分物质抛向太空，最终留下一个核心，形成一颗白矮星。对于一些质量较大的恒星，尽管它们的能量要大得多，但其死亡的结果仍是很相似的，它们通过超新星爆发将物质喷射到太空中，并以中子星或黑洞的形式留下致密的内核。恒星死亡时抛向宇宙的气体和尘埃混合到星际介质中，随着时间的推移，星际介质中密度最大的区域将凝结成星云。这些星云中会产生新的恒星，如此循环往复。不言而喻，这种情况不可能无限期地持续下去，因为每一颗恒星的死亡虽然会将一些物质送回太空供回收利用，但仍有一些物质被锁在了它们残留的核心中。

尽管恒星形成的速度会越来越慢，但预计在接下来的 1 万亿年里，恒星还会继续形成。随着星系逐渐吞噬它们的气体和尘埃储备，星云的形成需要更长的时间，新生的恒星也变得越来越罕见。当不再有更多的恒星产生时，已有的恒星一个接一个地耗尽它们的燃料，宇宙就会逐渐陷入黑暗。最后一批仍在燃烧的恒星将是红矮星，它们的寿命可以长达 10^{13}（10 万亿）年。当它们最终也熄灭时，宇宙中剩下的只有暗淡的恒星残骸。白矮星慢慢冷却成黑矮星，还有质量更大的恒星留下的中子星和黑洞。

数学模型预测，当宇宙大约 10^{19} 岁的时候，星系将无法维系自身的结构。恒星残骸之间的相互作用可能会导致较小的天体被偏转到黑洞周围，然后它们将被黑洞吞噬，而其他较小的天体则会被喷射出星系。据预测，星系的绝大多数质量（90%~99%）将丢失在星系际空间，剩下的质量最终会进入星系中心的超大质量黑洞。

最后，随着质子和中子分解成它们的组成粒子和辐射，物质可能在大约 10^{33} 年后消失。黑洞之外的一切都会分崩离析，消失殆尽。现在整个宇宙中只剩下黑洞这一种天体，但霍金辐射会令黑洞萎缩直至消失。较小的黑洞将在 10^{66} 年后开始消失，而最大的黑洞将在 10^{100} 年后彻底消失。一旦黑洞消失，宇宙将会变成空的——虽然可能不完全是这样，因为会有光子、中微子、电子和正电子在宇宙中飞来飞去，但它们很少会遇到对方。这就是宇宙的最终命运。

宇宙时间轴

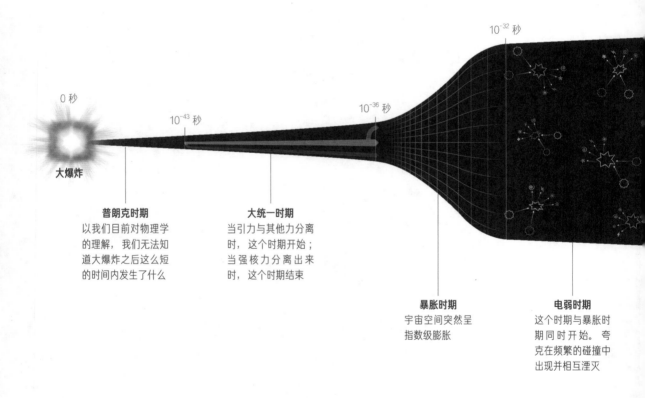

0 秒

大爆炸

10^{-43} 秒

10^{-36} 秒

10^{-32} 秒

普朗克时期
以我们目前对物理学
的理解，我们无法知
道大爆炸之后这么短
的时间内发生了什么

大统一时期
当引力与其他力分离
时，这个时期开始；
当强核力分离出来
时，这个时期结束

暴胀时期
宇宙空间突然呈
指数级膨胀

电弱时期
这个时期与暴胀时
期同时开始。夸
克在频繁的碰撞中
出现并相互湮灭

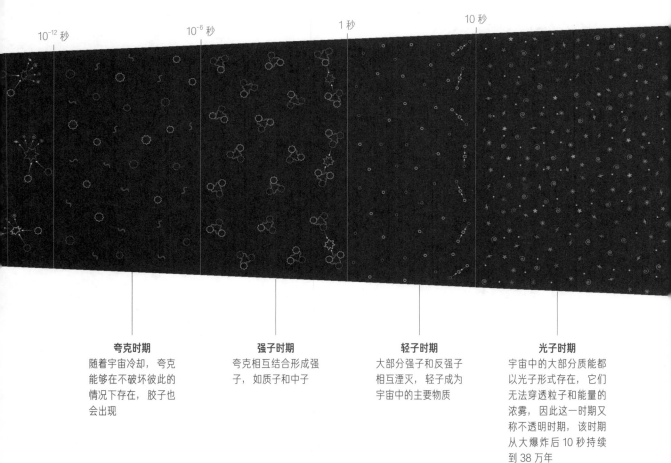

10^{-12} 秒　　　　　　　　10^{-6} 秒　　　　　　　　1 秒　　　　　　　10 秒

夸克时期

随着宇宙冷却，夸克能够在不破坏彼此的情况下存在，胶子也会出现

强子时期

夸克相互结合形成强子，如质子和中子

轻子时期

大部分强子和反强子相互湮灭，轻子成为宇宙中的主要物质

光子时期

宇宙中的大部分质能都以光子形式存在，它们无法穿透粒子和能量的浓雾，因此这一时期又称不透明时期，该时期从大爆炸后 10 秒持续到 38 万年

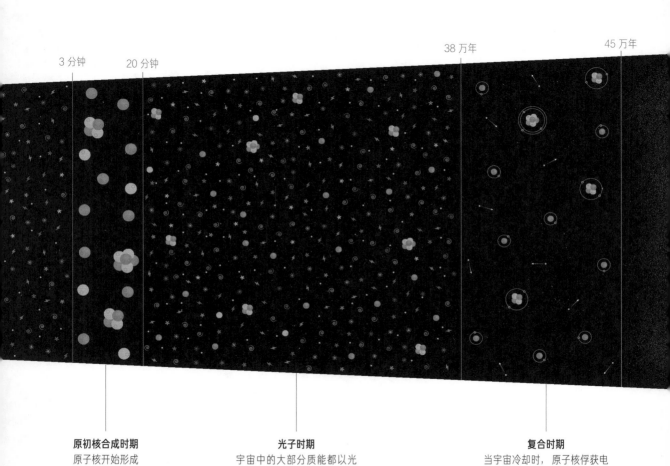

3 分钟　　20 分钟　　　　　　　　　　　　　　38 万年　　　　　45 万年

原初核合成时期
原子核开始形成

光子时期
宇宙中的大部分质能都以光
子形式存在，它们无法穿透
粒子和能量的浓雾，故该时
期又称不透明时期

复合时期
当宇宙冷却时，原子核俘获电
子形成原子。光子可以自由传
播，宇宙变得透明

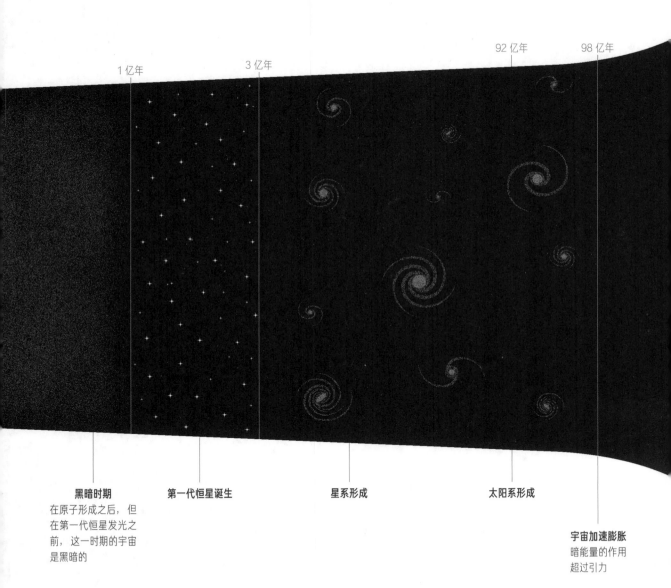

1 亿年　　3 亿年　　92 亿年　　98 亿年

黑暗时期
在原子形成之后，但
在第一代恒星发光之
前，这一时期的宇宙
是黑暗的

第一代恒星诞生

星系形成

太阳系形成

宇宙加速膨胀
暗能量的作用
超过引力

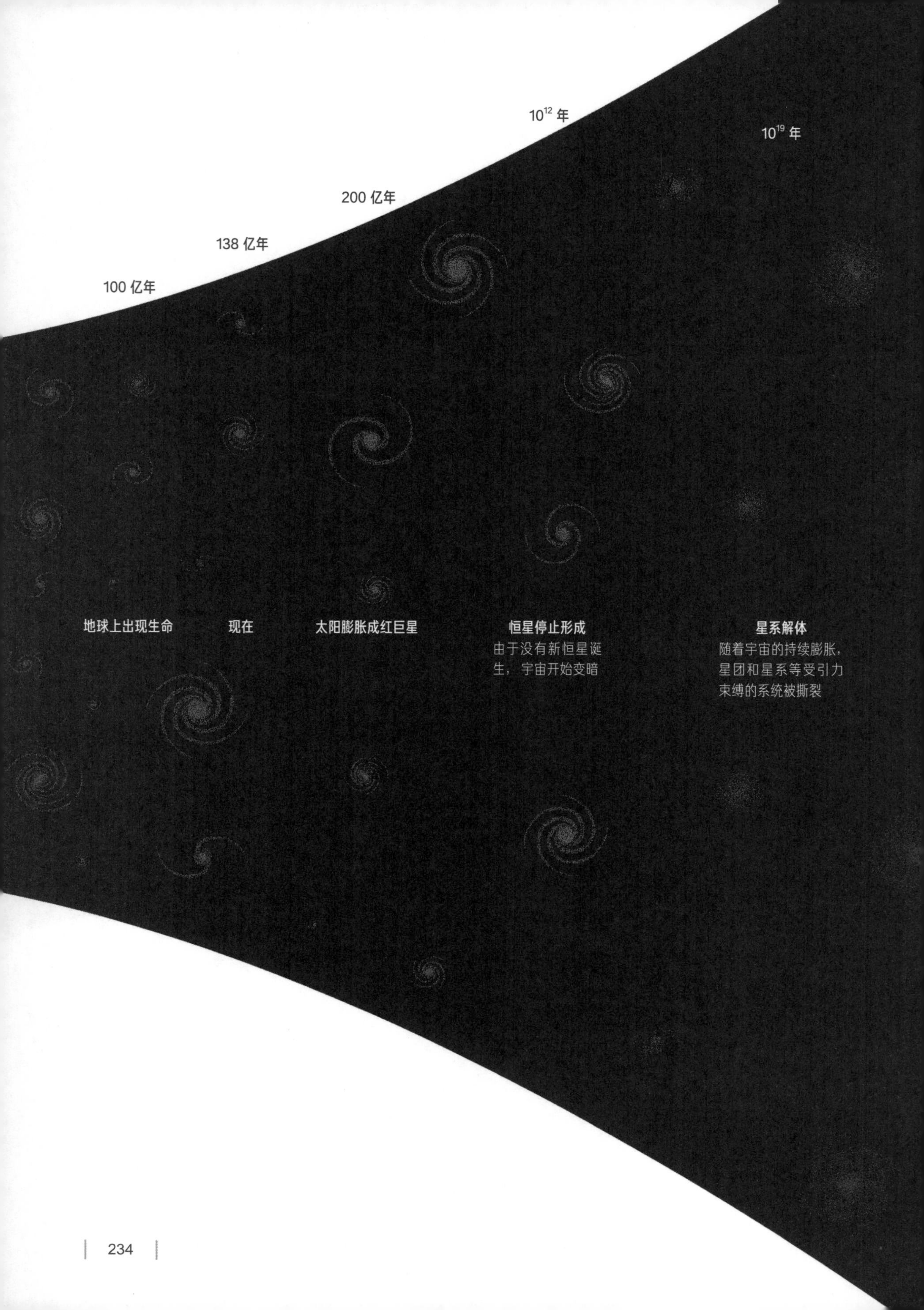

10^{12} 年

10^{19} 年

200 亿年

138 亿年

100 亿年

地球上出现生命　　　　**现在**　　　　**太阳膨胀成红巨星**　　　　**恒星停止形成**
由于没有新恒星诞
生，宇宙开始变暗

星系解体
随着宇宙的持续膨胀，
星团和星系等受引力
束缚的系统被撕裂

10³³ 年 10^{33} 年

10^{40} 年

10^{100} 年

质子衰变
在黑洞之外，质子和
中子分解成它们的组
成粒子和辐射

黑洞时期
宇宙中仅存的天体是
黑洞，它们因霍金辐
射而缓慢蒸发

最终命运
最后一个黑洞消失，剩下
的只是在浩瀚宇宙中飘荡
的基本粒子，它们之间几
乎没有相互作用

全 剧 终

参考书目

A Brief History of Time by Stephen Hawking
Penguin Random House, 1988

A Short History of Nearly Everything by Bill Bryson
Doubleday, 2003

A Universe from Nothing by Lawrence M. Krauss
Simon & Schuster, 2012

Cosmos The Infographic Book of Space by Stuart Lowe and Chris North
Aurum Press Ltd, 2015

Cosmos: The Story of Cosmic Evolution, Science and Civilisation by Carl Sagan
Sphere, 1996

Hubble's Universe: Greatest Discoveries and Latest Images by Terence Dickinson
Firefly Books Ltd, 2017

Space Atlas: Mapping the Universe and Beyond by James Trefil
National Geographic, 2018

The Grand Design by Stephen Hawking and Leonard Mlodinow
Bantam Books, 2010

The Life and Death of Stars by Kenneth R. Lang
Cambridge University Press, 2013

The Planets by Maggie Aderin-Pocock
Dorling Kindersley Limited, 2014

The Planets by Brian Cox and Andrew Cohen
HarperCollins Publishers, 2011

The Secret Lives of Planets by Paul Murdin
Hodder & Stoughton, 2019

The Universe in Your Hand: A Journey Through Space, Time and Beyond by Christophe Galfard
Macmillan, 2015

Universe The Definitive Visual Guide by Martin Rees
Dorling Kindersley Limited, 2005

Welcome to the Universe by Neil deGrasse Tyson, Michael A. Strauss, and J. Richard Gott
Princeton University Press, 2016

Wonders of the Universe by Brian Cox and Andrew Cohen
HarperCollins Publishers, 2011

图片来源